それでも猫は出かけていく

ハルノ宵子

幻冬舎文庫

それでも猫は出かけていく

ハルノ宵子

すべての猫へ愛を込めて

はじめに

真っ白な月が中天に輝く8年前の夏の深夜、隣の墓地で真っ白な子猫を拾いました。それがすべての始まりでした。

子猫は「馬尾神経症候群」という障害を持っていました。尻尾の付け根の脊髄を損傷していたのです。先天性の障害ではなく、何らかの事故によるものと思われます。運動にはほとんど問題は無いのですが、排泄のコントロールができないのです。ちょこまか動き回るのに、おしっこ・ウンコタレ流し！

当時父親は、「いや〜…オレも尿モレだから、捨てろとは言えないなぁ」と言いましたが、とにかくキレイ好きの母親は、「どうするつもりよ！　飼う気なの？　このコには罪はないけど、私はニオイがダメなのよ。飼うなら私が出てくから！」と、常套手段を繰り出しました。うちの母親は、いわゆる〝支配する母〟です。これが始まったら、私はおろか父ですら屈伏せざるを得ません。この〝手段〟の前に、私は幾度人生の重要な局面で、がっくりとひざをつき、くずおれてきたことでしょう。しかしこの時、何か未知の力に押されるように、「イヤ！　お母さんは出ていかなくていい。私がこのコを連れて出ていくから」という言葉が口を衝いて出たのです。

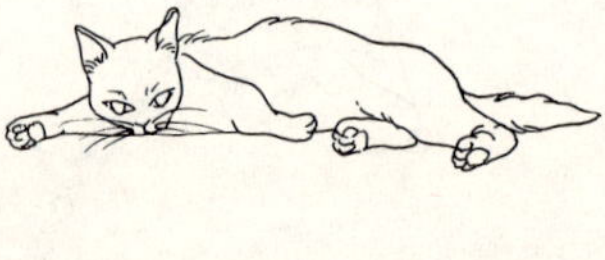

それは本当の〝力〟を持つ言葉だったので、母はしぶしぶ折れました。私の中で何かが変わった瞬間でした。

子猫は「シロミ」と名付けられました。この時から艱難辛苦・試行錯誤の日々が始まりました。ちょうどその頃、父に取材にいらした『猫びより』の編集者（当時）の稲田さんから、「次号、シロミについて書きませんか？」という依頼を受けました。この時もまた、〝力〟に押されるように「1回ではムリです。連載ならできます」という、身の程知らずな言葉が口を衝いて出てしまったのです。稲田さんは、すぐに編集部のOKを取ってくれました。こうして『猫びより』での、8年にも及ぶ連載が始まったのです。

まさに〝激動〟の8年間でした。シロミばかりか両親の介護、自身の病気。また〝都市猫〟という特異な野生たちとも、深く関わるようになりました。本当の〝介護〟って何だ？

ひいては生命とは？　生きるとは――猫たちの命・老いてゆく両親の命が、縄をなうように私の周りで展開していきました。

そして2012年、3月に父が、10月には母が相次いで旅立っていきました。シロミは――というと、中年となった今も変わらず〝ツンデレ〟な女優キャラの女王様です。

この本は、吉本家最後の8年間の記録でもあるのです。

目次

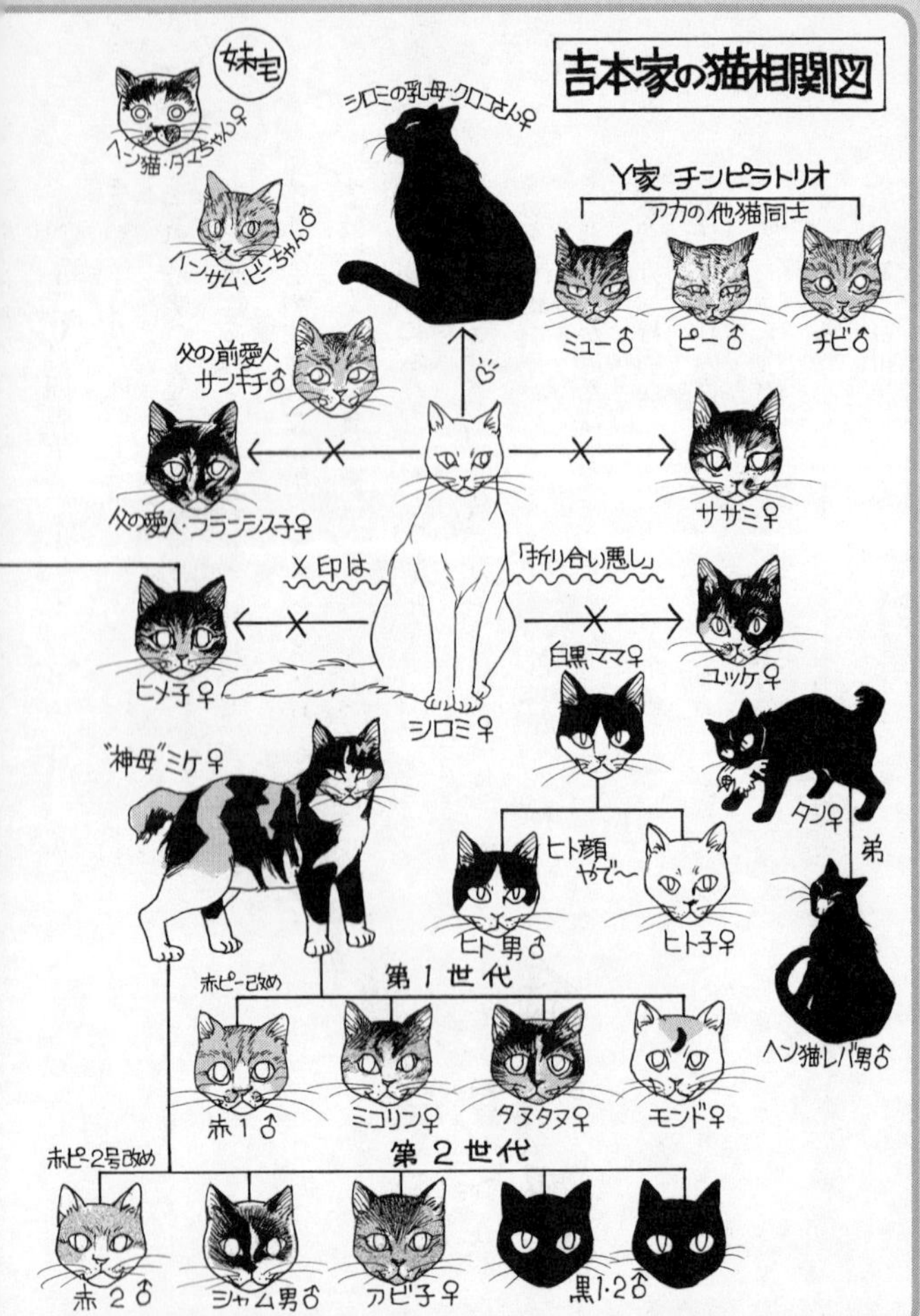
吉本家の猫相関図
妹宅
ヘン猫・タエちゃん♀
ハンサム・ビーちゃん♂
シロミの乳母・クロコさん♀
Y家 チンピラトリオ
アカの他猫同士
ミュー♂
ピー♂
チビ♂
父の前愛人
サンキチ♂
父の愛人・フランシス子♀
ササミ♀
X印は
「折り合い悪し」
ヒメ子♀
シロミ♀
ユッケ♀
白黒ママ♀
"神母"ミケ♀
タン♀
弟
ヒト顔やで〜
ヒト男♂
ヒト子♀
第1世代
赤ピー改め
赤1♂
ミコリン♀
タヌタヌ♀
モンド♀
ヘン猫レバ男♂
第2世代
赤ピー2号改め
赤2♂
シャム男♂
アビ子♀
黒1・2♂

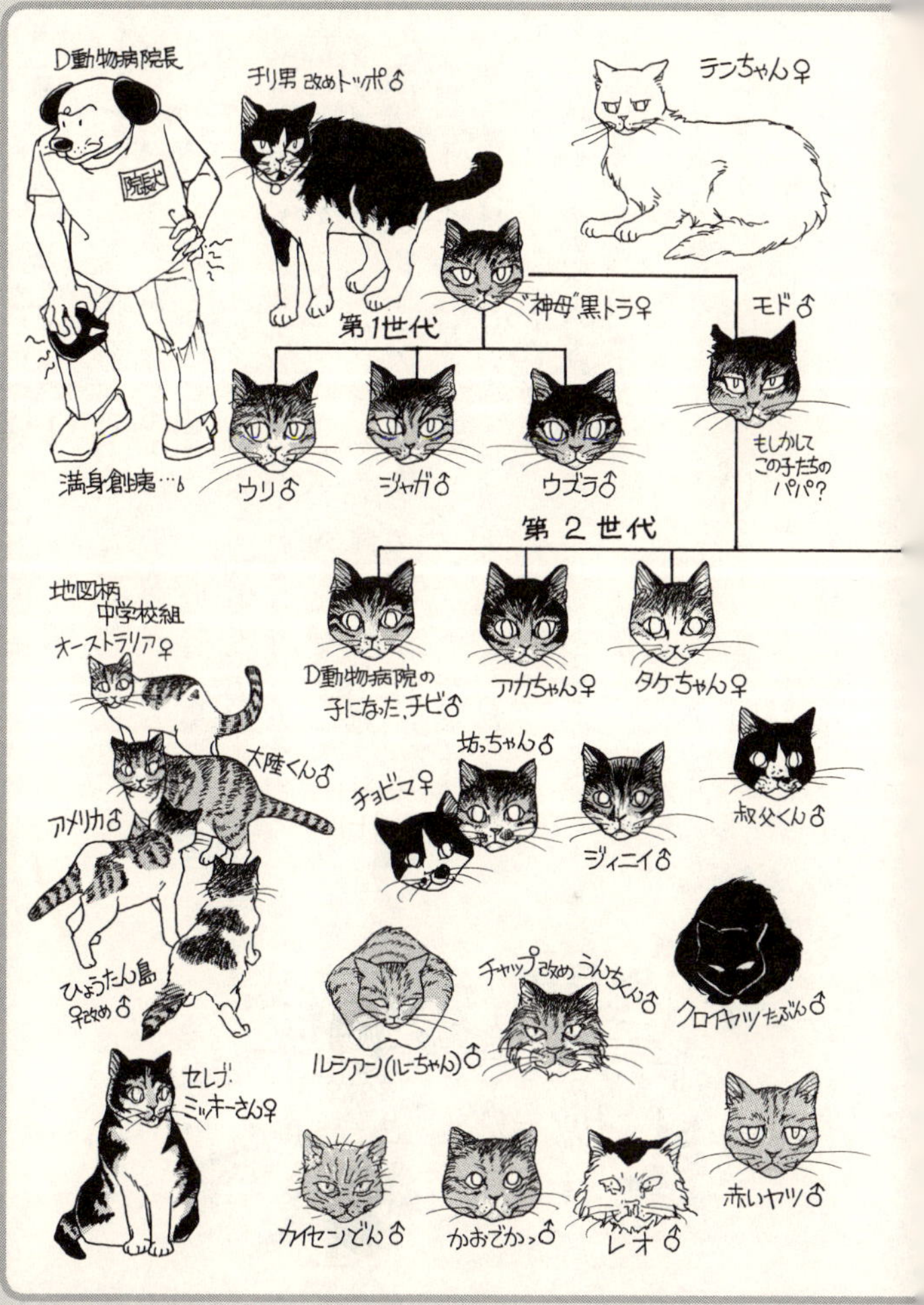
D動物病院長
院長
チリ男 改めトッポ♂
テンちゃん♀
"神母"黒トラ♀
第1世代
モド♂
ウリ♂
ジャガ♂
ウズラ♂
満身創痍…
もしかして この子たちの パパ？
第2世代
地図柄 中学校組
オーストラリア♀
D動物病院の 子になった、チビ♂
アカちゃん♀
タケちゃん♀
大陸くん♂
坊っちゃん♂
チョビマ♀
ジィニイ♂
叔父くん♂
アメリカ♂
ひょうたん島 ♀改め♂
ルシアン（ルーちゃん）♂
チャップ改め うんちくん♂
クロイヤツ たぶん♂
セレブ ミッキーさん♀
カイセンどん♂
かおでかっ♂
レオ♂
赤いヤツ♂

その❶――白猫の呪い

その仔猫の飼い主は、たぶん猫を飼うのは初めてか、経験の少ない若夫婦でしょう。もしかして、チビ猫をかまって遊びたい盛りの4、5才の子供もいたかも知れません。

知り合いからか里親ネットか、ひと目でほれ込んだその真っ白な仔猫をワクワクしながら家に連れて帰りました。アクアマリンのようなブルーアイ。瞳は時として赤く見えるほどの完全なアルビノ。歌舞伎の女形のメイクのような赤のアイラインに、目頭の朱も色っぽい。まっすぐでよく動く長い尻尾。エジプト猫の銅像のように大きく反った耳。パーフェクトに美しい仔猫。

でも仔猫がその家で、蝶よ花よのお嬢様として暮らしたのは、おそらく1ヶ月にも満たなかったことでしょう。

手がつけられないほど活発で、ことにシーツや布団の下にすべり込んで遊ぶのが大好きな仔猫。ある日、布団の下に潜っていることにまったく気が付かなかった家人が、もろに上から踏みつけてしまいます。「ギャッ!」という声であわてて布団をめくってみると、仔猫は腰が抜けたよう

な様子。でもしばらくすると、ヨタヨタと立ち上がります。「ああ……よかった無事だった！」。左足をちょっと引きずるようだけど、そのうち治るでしょう。しかし本当の悲劇はそれからでした。しばらくすると仔猫は、ポタポタとおしっこを垂らし始めます。元気に駆け回りジャンプだってできるのに、座るとジョワーッと漏らします。気が付けば自慢の長い尻尾も、ダランと垂れ下がったまま動くことはありません。1日で家中の床も布団も家具も、おしっこだらけ。あちこちに、うんこも転がっています。

仔猫は踏まれた時に、脊髄の末端「馬尾神経」を損傷し、排便排尿困難になっていたのです。

これではどうがんばっても、家の中で飼うのは不可能です。でも垂れ流し以外はまったく元気なんだし、外でなら……そうだ、よく散歩に行く大きなお寺。あそこには丸々太ったノラ猫がゴロゴロしてるから、近所にはエサをやる人がいるんだろう。あそこなら、きっと幸せに生きていける。それにもしかしたら、猫好きの親切な人に拾われないとも限らないじゃないか……と自分達を納得させ、1年前の7月飼い主は東京駒込の名刹に、生後3ヶ月の真っ白な仔猫を捨てたのです。

美猫なので、すぐにもらい手がつくだろうと。
まずはメンテナンス

かかりつけ医ではなく、外猫専用「H動物病院」（勝手にそう決めてる）へ。

しかし…その病院に預けた2週間の間、まったく「馬尾神経障害」を見逃されてしまっていたのです。

家に連れ帰って、初めて障害発覚!!

あわててかかりつけの「D動物病院」へ。

そしてまた、検査、投薬治療で、2週間の入院の後……。

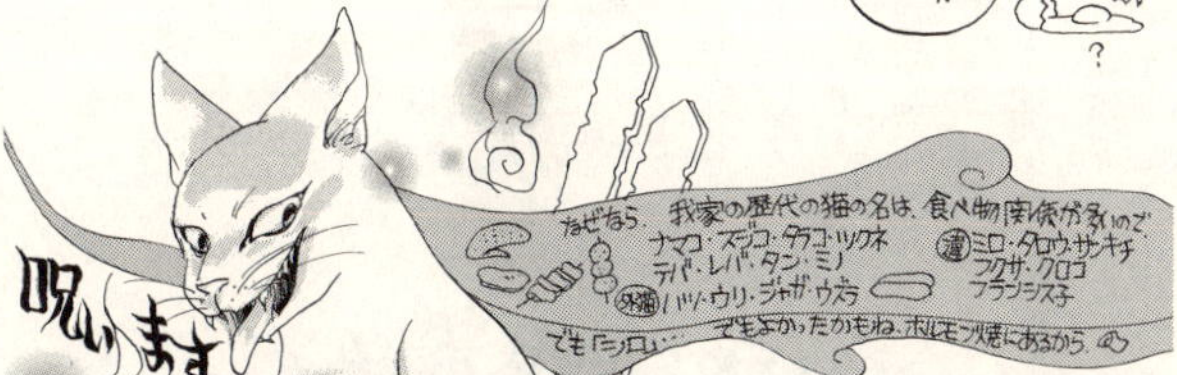

"飼い主"様、このコは決して外では、幸せに生きていけません。常に膀胱にたまりっぱなしの尿は、すぐに細菌感染し、尿毒症や腎不全を起こして死に至るのです。踏んづけてしまったのは、仕方ない(ハルノもしょっちゅう踏みそうになる……)。

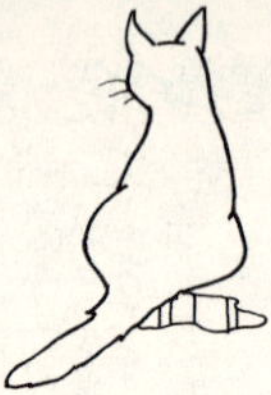

その❷——さらなる試練

これまでの我家の猫歴ですが、血統書付きを購入したり、ピカピカの健康体で貰われてきたりした猫は1匹もいません。ほとんどが、弱って動けなくなったノラや捨て猫を保護し、家に入れることになったというパターンです。

そのため歴代の猫たちは最初からハイリスクで、お決まりの慢性鼻気管炎や腎不全、肝不全に始まり、エイズ、伝染性白血病、胃ガンに脳腫瘍まで、ありとあらゆる病気の見本市のようでした。

昨年、長患いの胃ガンと、進行の早い延髄の腫瘍で立て続けに2匹を亡くし、「ああ、これであらゆる看病の苦労と、看取る側のツラさを味わいつくしたな。もうコワイモン無しだぜ。何でも来い！」と思っていたら、やって来ました！　この「シロミ」です。

この先何年寿命があるのか分からない、もらし続ける障害猫をかかえて生きていく……まだこんなテが残っていたとは……。「神よ！　さらなる試練を私に与えたもうか！」と、（キリスト教徒ではないので）大いに神をののしりつつ、対策を練ることにしました。

まずは、完全ケージ飼いができないものかと考えました。使っ

ていない部屋にケージを置き、それに慣れてくれればと思ったのですが、シロミは決してあきらめません。朝から晩まで鳴き続けます。ケージの中の水もエサもシートも、ひっくり返してグシャグシャ。シロミは糞尿まみれ。これでは猫も人もストレスでハゲそうです。第一シロミは、排泄困難以外は元気な育ち盛りの仔猫なのです。狭いケージに入れっ放しでは、運動機能や足腰の筋肉の発達によって、多少なりとも障害が改善していく可能性だって、奪ってしまうことになりかねません。ケージ飼いは、1週間ほどで断念しました。

次に考えたのは、オムツでした。よくTVのCMでやっている動物用オムツですが、あれは猫にはまったく役に立ちません。寝たきりの老猫ならまだしも、流線型で関節がなだらかな猫では、スルッと脱げ落ちてしまうのです。活発なシロミに至っては、片足も通せないままあえなく断念となりました。

そこで思い付いたのが、動物用腹帯として通販などで売られているボディースーツでした。そのお尻の部分を布でふさぎ、（人間の）女性用生理ナプキンをあてがうのです。これはかなりのヒットでした。

かくして試行錯誤の日々は続きます。

しかし一目見て、イヤな予感が……。これって、ホントに猫が着けてくれるんだろうか……？

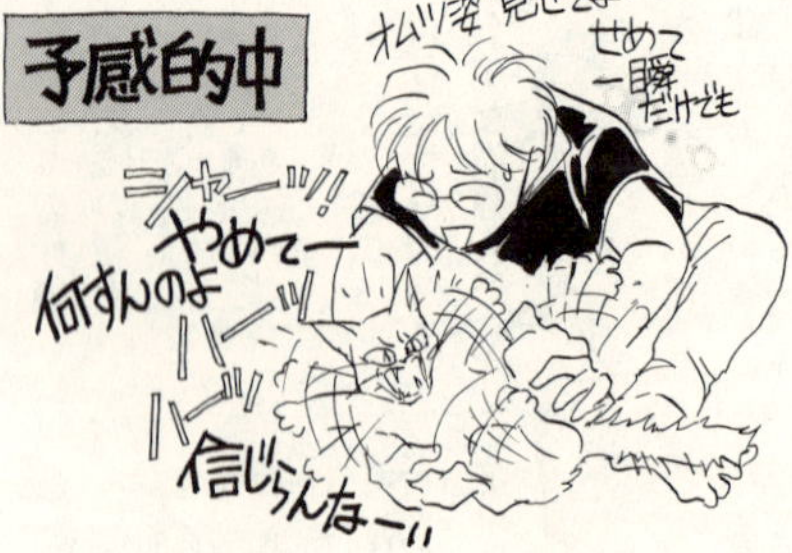

オムツカバーも色々と購入してしまったというのにムダになり……。でも、ワンコ用生理パンツは、もう少し手を加えれば（そして、もう少しシロミよりおとなしい猫ならば……）もしかして猫用にもなるのでは。

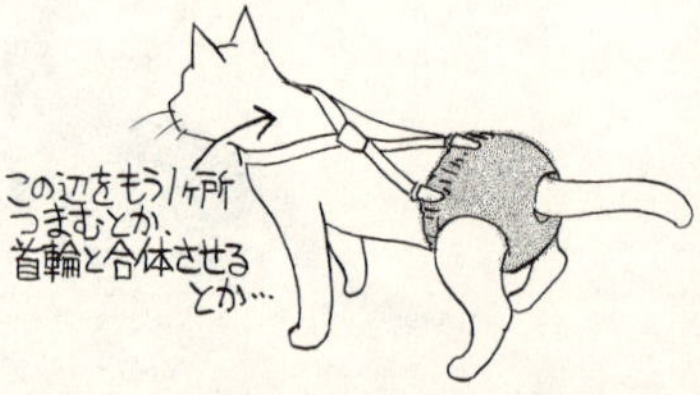

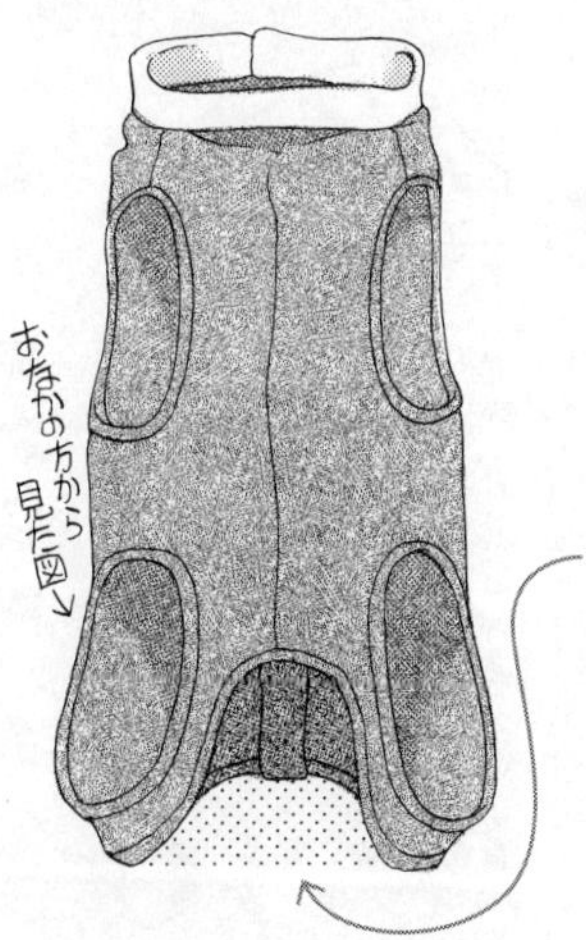
おなかの方から見た図

ペット用 ボディースーツ（女の子用）

サイズはとても細かく分かれていて、男の子用・女の子用あり。4000円台（?）とちょっとお高めだけど、手術後だとか、ケガや腫瘍などで、舐めちゃいけないコには便利！ シロミの場合は、この部分を布でふさぎ（人間の）女性用生理ナプキンを着ける。しかしこのオムツも、あまりにも"落ち込む"ので、畳の部屋など、汚されては困る場所限定。常時装着とはいきませんでした。

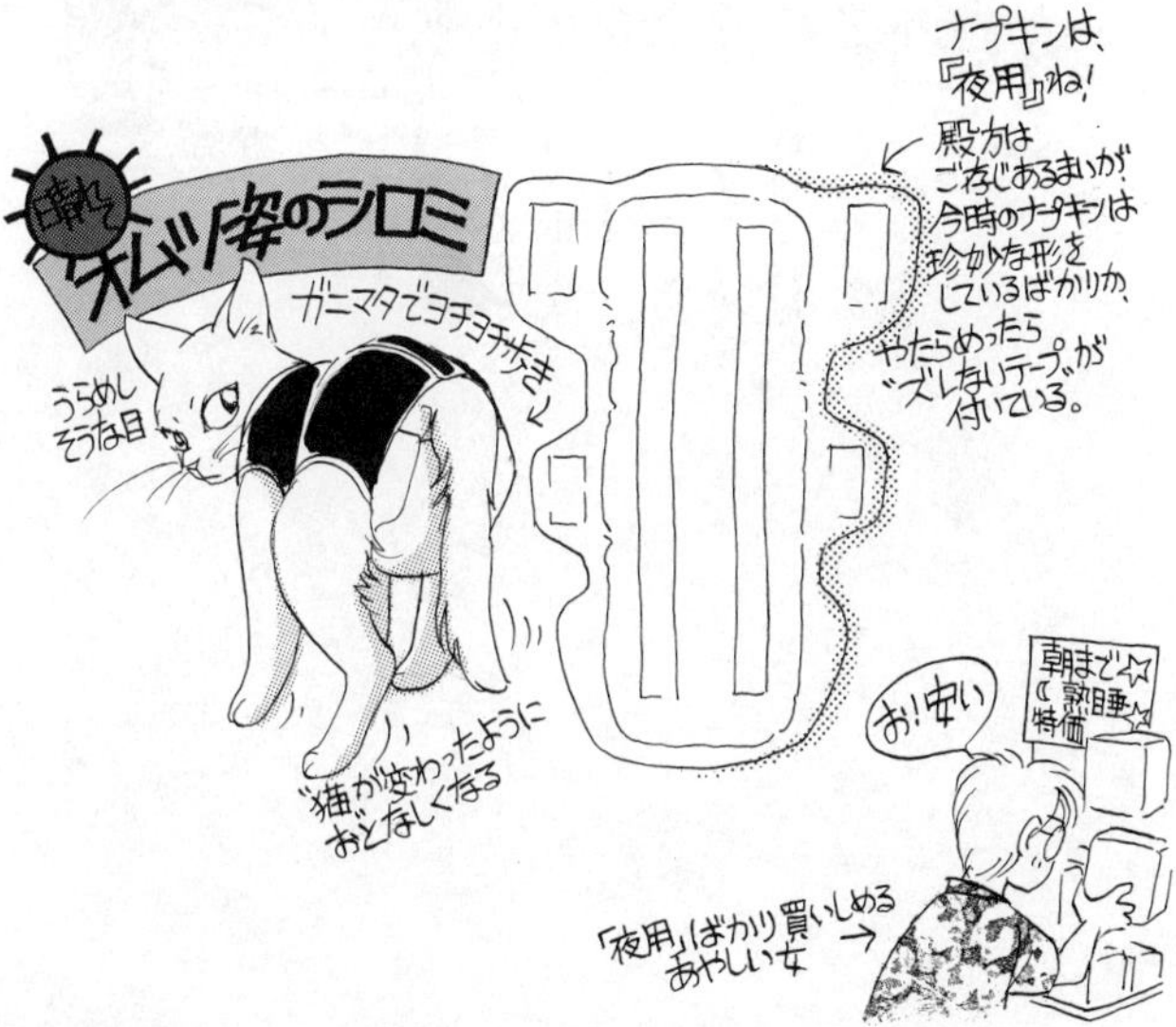
晴れて
オムツ姿のシロミ
ガニマタでヨチヨチ歩き
うらめしそうな目
猫が変わったようにおとなしくなる
ナプキンは、『夜用』ね！
殿方はご存じあるまいが、今時のナプキンは珍妙な形をしているばかりか、やたらめったら"ズレないテープ"が付いている。
お！安い
朝まで☆熟睡☆特価
「夜用」ばかり買いしめるあやしい女

その❸——野戦病院

　このところ我家は、さらなる猫試練に見舞われています。外猫のトラジマ一族最後（になる予定）の、チビトラ4兄妹の内2匹が、相次いで交通事故にあったのです。

　一族最後のトラ母（避妊済）は、4兄妹を連れて我家と、大通りに面したKさん宅の間を行ったり来たりしていました。うちで3日食べ、Kさん宅で3日食べといった具合です。まず唯一の雄のチビが、Kさん宅前の大通りで事故にあいました。恐ろしいことにこのチビどもは、車道と歩道の段差にハマって寝るのがシュミなのだそうです。これでは命がいくつあっても足りません。高齢で持病のあるKさんに代わって、あわててかかりつけの「D動物病院」へ。Kさんが見た時には、鼻血を出してグッタリしていたとのことですが、幸いなことに骨折や内臓の損傷は無く、一時的に脳震とうを起こしていたようです。

　この雄チビは、「D動物病院」の院長に気に入られ、ノラに戻すには忍びないと、現在も病院で飼われ、かわいがられています。

　そしてある晩、4兄妹の内で一番小柄な雌（ヒメちゃん）が、玄関先に置いてある猫箱でうずくまっていました。見ると背中から肘にかけて大きな裂傷があります。しかし、さほどの出血は無く、すぐに命に関わるような状態ではなさそうなので、翌日、今度は外猫専用の「H動物病院」へ。しかしヒメちゃんは重症でした。大きな裂傷の他に、左前足首の関節がはずれ、靭帯も切れていたのです。前足首は、ぐっと内側に曲がりこんだまま動きません。やはり交通事故にあっていたのです。

「どうします？　整形しますか？」と院長。「どうします？」……っても「やめときます」とは言えないし、それが最善の方法ならばと、プレートを入れる手術をお願いし、クラッと来る位の治療費と引き替えに、縫い目だらけのヒメちゃんは帰ってきました。

前足は、まだ着くことができません。はたして今後、どの程度まで回復するものか……今はまだ、ケージの中で療養中です。

そして、シロミは血尿が止まりません。細菌感染により、膀胱内に炎症を起こしているのです。現在は、1日おきに膀胱洗浄に通うありさまです。おまけに最年長のクロコまで、加齢による自浄能力低下から膀胱炎を起こし、血尿を出して入院しました。

遊びに来ていた糸井重里さんが言いました。「ここんちは野戦病院だな」。……トホホ。

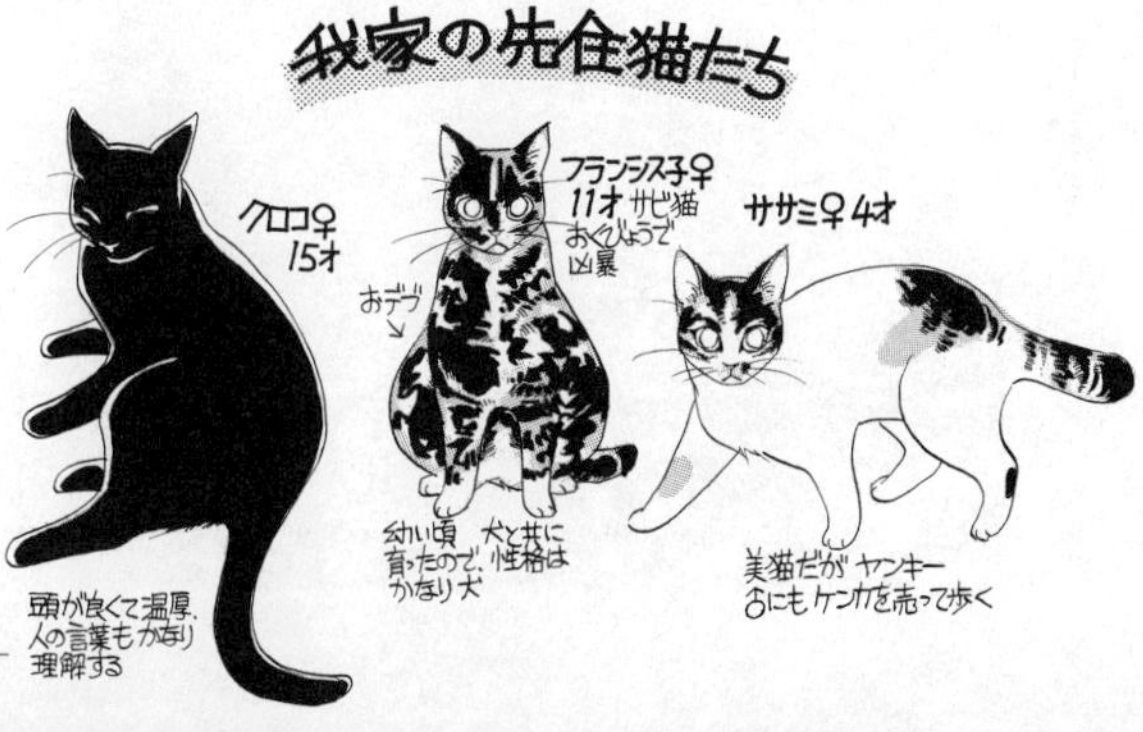
我家の先住猫たち
クロコ♀
15才
頭が良くて温厚.
人の言葉もかなり
理解する
フランシス子♀
11才 サビ猫
おくびょうで
凶暴
おデブ
幼い頃 犬と共に
育ったので、性格は
かなり犬
ササミ♀ 4才
美猫だが ヤンキー
♂にも ケンカを売って歩く

世にも恐ろしい場所で、都会生活《シティーライフ》を満喫するチビトラ4兄妹

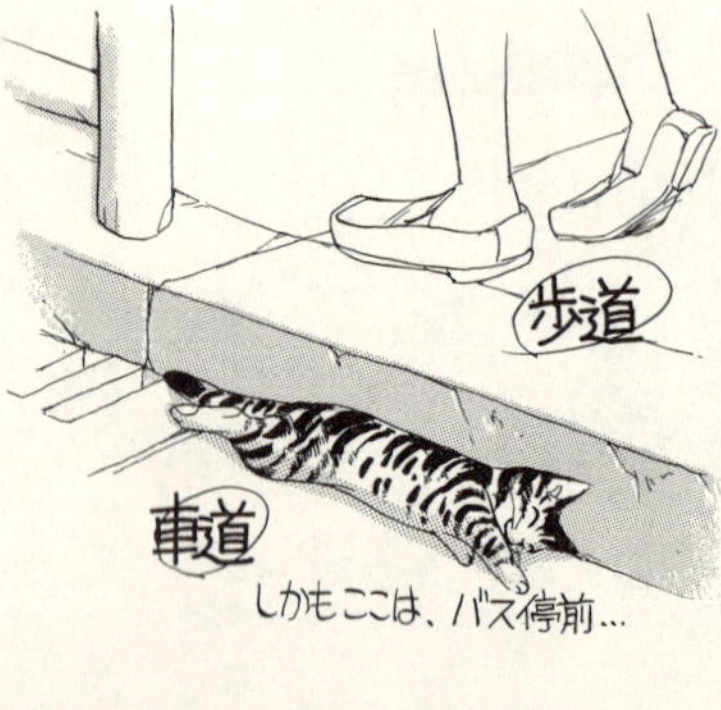

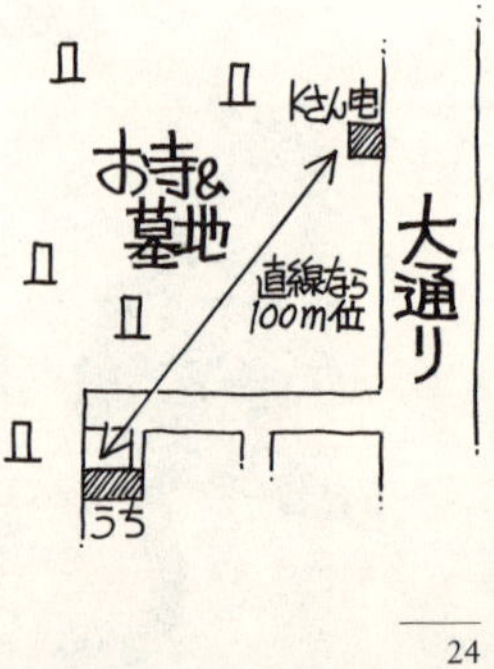

ヒメちゃんのケガ

最近のシロミは、反抗期

1日おきにお医者には連れてかれるし、毎日お尻はシャンプーされるし、ごはんはまずいし……(細菌感染によって尿がアルカリに傾いたので、pHコントロールの療法食を食べさせられている)。

そして、外はそろそろ猫たちの恋の季節。頭の中ではなんとなく"野性の叫び声"がするのに、マヒしてるので、発情は来ないし。「ああ〜イライラする! うっき〜!!」……って感じなのかも。

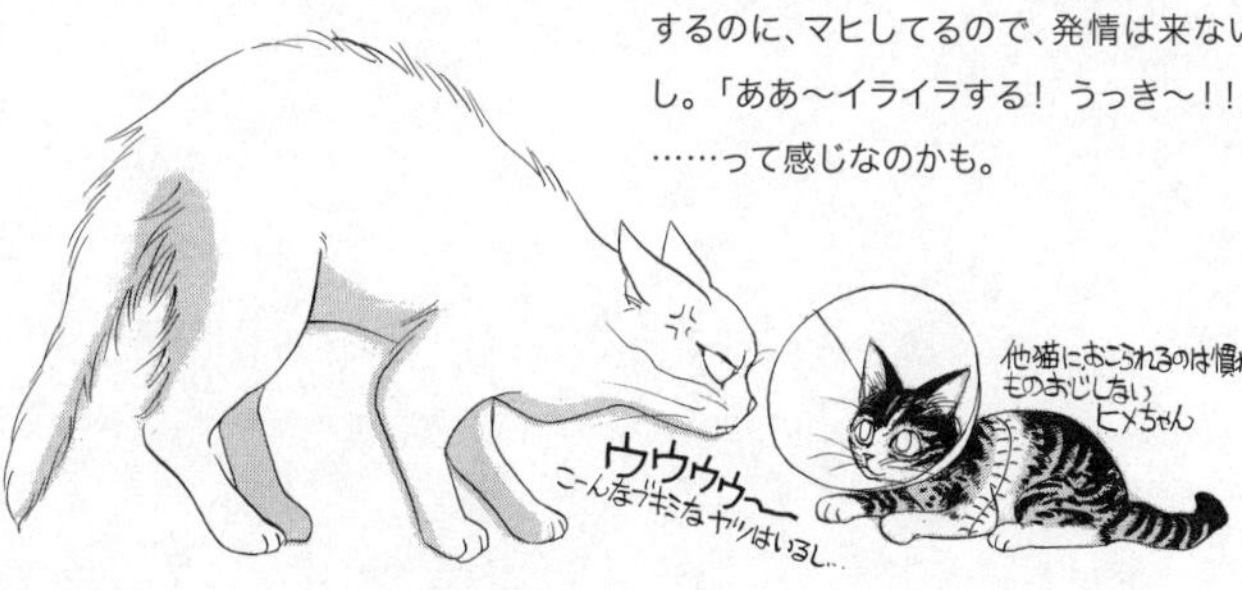

その❹──獣医師の力量

「またか……！」というのが本音です。

P.22でもご紹介した、交通事故で左前足首の関節と靭帯を損傷したヒメちゃん（ヒメ子）。手術から2ヶ月経とうというのに、前足を地面に着こうとしないのです。3本歩きでは、外猫に戻すどころの話ではありません。

ヒメ子は、外猫専用（と決めている）「H動物病院」で前足の手術を受けました。しかし「H動物病院」には、以前シロミの障害を見逃したという前科があります。仕方なくまた、かかりつけの「D動物病院」で診て貰うことにしました。面倒事を持ち込まれるのが大嫌いで、シブるD院長をやっとこさ懐柔し、ヒメ子を連れて行きました。ヒメ子の前足を曲げたり伸ばしたりして院長は、「ふーん、分かった！」と言いました。レントゲンを撮って、後日説明を受けました。

ヒメ子の左前足は、手根骨と指骨の間をプレートでつなぐ手術が施されている訳ですが、彼女の指骨はあまりにも細すぎるためボルトが入れられず、ワイヤーで仮留めしてあります。そこがグズグズ動いてしまう。さらにレントゲンを見ると、肘にあたる部分の尺骨先端にも折れた形跡が見つかりました。その痛みから前足を使わずにいる内に、上腕の筋肉が萎縮して肘を引っ張り、前足が着けなくなっていたのだそうです。さらに前足首は着くことによって、可動部分がこすれて潰瘍化する恐れがあるので、むしろ使わないでくれた方が良いとのこと。

これで3本歩きのヒメ子は、晴れて（？）我家の家猫です……ヤレヤレ。

「マトモな猫いねーのかよ！」と院長。

「マトモだったら連れて来るかよ!!」

しかしくやしいけれど、この院長の力量にはいつも舌を巻きます（性格的にはかなりモンダイあり）。たいていの場合、所見と触診だけで判断をつけることができ、レントゲンや血液検査などは、その裏付けに過ぎません。一方の「H動物病院」だって、決してヤブではありません。しかしD院長には確実に＋αがあるのです。知識と経験と観察力、ひらめきとサジ加減、そんな微細な情報を無意識下で処理し、答えをはじき出す。その脳内回路こそを才能と呼ぶのかも知れません。

さてヒメ子。最初から「D動物病院」に連れて行っていれば、前足は治っていたかも……と思うと、悔やまれます。でもそうしたら、うちの猫にはならなかった訳だし……猫にとっては、何が幸いするのか分かりませんね。

D院長は分かりづらいキャラだけど、実は、動物本位のいい人です。決してむやみに自分の考えや方法を押しつけたりせず、飼い主のやり方にそった治療を考えてくれる（その分ストレスも多いのでしょうが……）。

D院長の悪いクセ（？）。慎重派と言おうか、悲観主義者なのか、とにかく予測できる範囲の最悪のケースを挙げる。それだけで、気の弱い飼い主さんはビビッて来なくなる。誤解を受けやすく、嫌われる人にはテッテー的に嫌われる。

試行錯誤の末、シロミの血尿を改善する

膀胱内で細菌が増殖するために起きる、シロミのしつこい血尿。経口の抗生物質は“第１世代”から“第３世代”と言われる物まで、あっという間に耐性が付き、まったくと言っていいほど効きませんでした。さらに細菌によって尿がアルカリ化し、膀胱内にできた結晶により、また膀胱壁が傷付き血尿が出るのです。そこで、ほぼ１日おきに膀胱洗浄に通う。それも薬剤洗浄ではなく、生理食塩水で洗ってから、膀胱内に抗生剤を注入するという方法に落ち着きました。あとは、ｐＨコントロールの食事。それでもｐＨが不安定なので、メチオニン製剤という尿酸性化サプリメントを使ってみることにしました。これが、なかなかのすぐれ物だったのです。

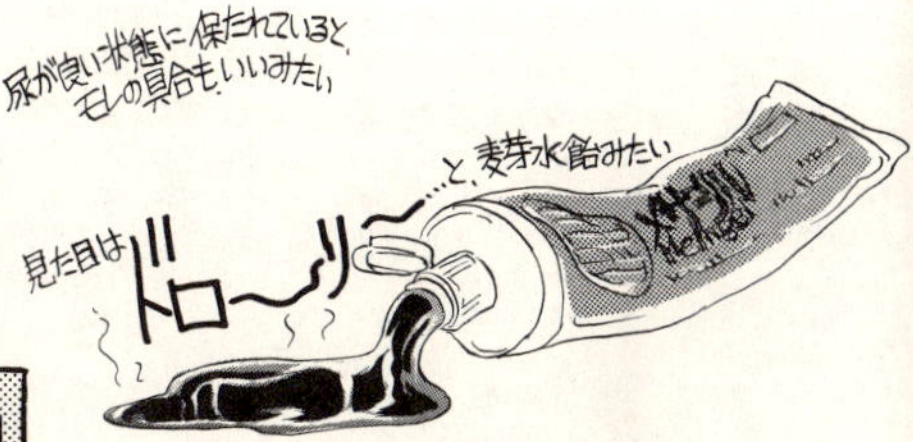

尿酸性化サプリメント
メチオニン製剤

そこで、あみ出した方法。冷蔵庫で冷やしておくと固めになるので、オブラートにくるんで、「キュッ」と飲ませる。うすら甘いので一応はなめてくれるけど、チューブを見ると逃げるので、やっぱりかなりイヤみたい……。今では、膀胱内に入れる抗生剤も切って、洗浄ペースも落としつつあるところ。でも、このメチオニン製剤も、長期間使うと肝障害を起こしたりするそうなので、まだまだ油断はできません。

その❺——それでもネコは出かけてく

おおむね4半世紀、どっぷり猫と付き合ってきた私ですが、いまだにどうしても苦手なことが2つあります。猫に食事制限をすることと、行動制限をすることです。

この2つは、時に絶対に必要なこととは分かっていますが、たいていの場合中途半端で挫折します。療法食しか与えちゃいけないなんてのはもってのほか、血液検査などでの半日の絶食でさえも四苦八苦です。また、避妊手術後のノラをケージに入れて養生させておく場合も、中で騒ぎ出そうものなら、即根負けし傷の治りもそこそこに解放となります。

これはたぶん、私自身の食い意地が張っていて、ふらふら出歩くのが好きなので「食えない、自由が無いじゃー生きてるイミ無いじゃん！」と、勝手に感情移入してしまうからなのでしょう。

もちろん猫は室内飼いが理想ですし、生まれた時から家の中だけが世界のすべてだという猫であれば、別段苦にもならないのでしょうが。

都会の猫は、たいへんな危険にさらされています。猫密度が高いため、伝染病への感染の心配はもちろん、年間数匹は顔見知り

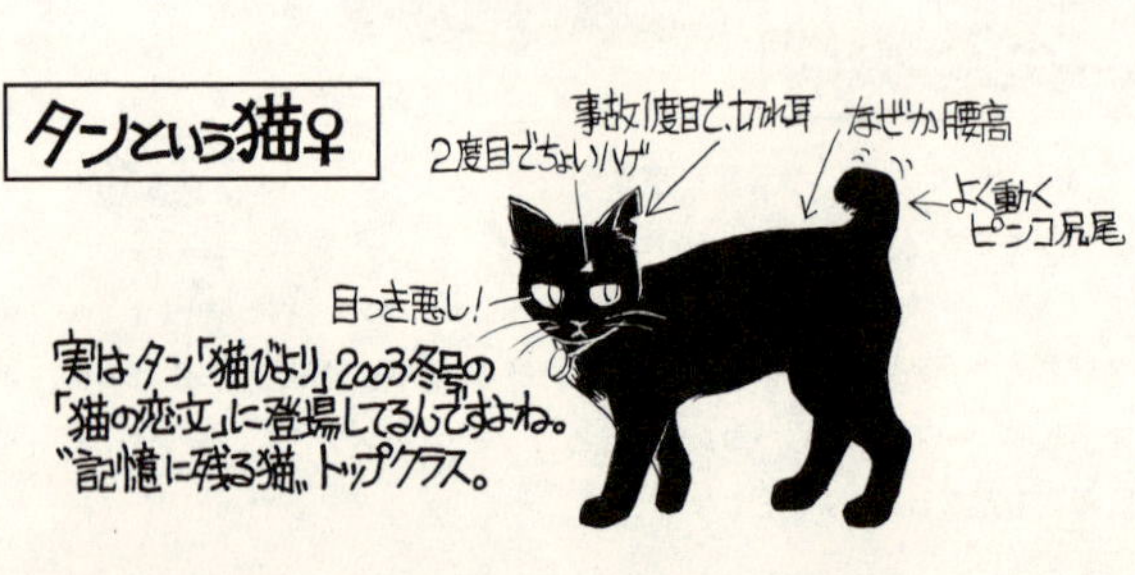

の猫の交通事故死を知らされます。実際うちのヒメ子も、1才未満で2度の事故にあっているわけですし、シロミだって（実は踏まれたのではなく）交通事故が原因の障害の可能性もあります。十数年前には、本当に可愛がっていた9才のミケ猫を交通事故で亡くし、死ぬほどツライ思いをしたこともあります。

それでも私は、猫が出かけていくのを止められません。

タンという黒猫がいました。女だてらに広範囲の縄張りを持ち、出ていくと1日2日は帰らないこともあり、生涯（軽傷ながら）2度の事故にもあい、ずい分心配させられました。2年半にわたって胃ガンを患いつつも（最後は腎不全でしたが）、タンは死の1週間前まで外へ行き、縄張りを見回り、鳥を捕り、風の匂いを嗅ぎ、土の上で転げ回り、2年前の桜の散る頃死にました。わずか7年余りの生涯でしたが、存分に生きるとはどういうことかを教えてくれた猫でした。外の世界で、タンは確実に倍以上生きていたのです。

猫が出かけていく時、必ず自分に問いかけます。「もしもの事があった時、本当に後悔はしないのか？」「……しない」

ムチャムチャ悲しみはするけれど、決して後悔はしない。それだけの覚悟をもって、今日も出ていく猫を見送るのです。

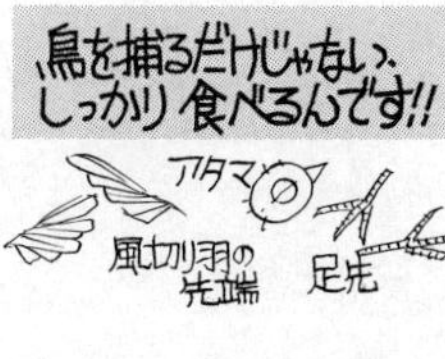

よい子はマネしない方がいいかも…

かなりアブナイ

ハルノ流猫ごはん

食べ物を制限するのがキライな私、実は我家では、ごはん出しっ放し、いつでも好きなだけ食べられる状態です。

少なくとも、食べ残しをすぐに片付けてしまうのは、酷だと思います。ネコ科は、残しておいて後で食べる習性があるので。それで際限なく食べ続け、デブデブになるか……というと、決してそんなことはありません。ノラ上がりで、最初は（精神的）飢餓感からしょっちゅう食べていた猫も、「いつでも食べられる」と安心すると、段々と自分なりの食欲に落ち着いてくるようです。

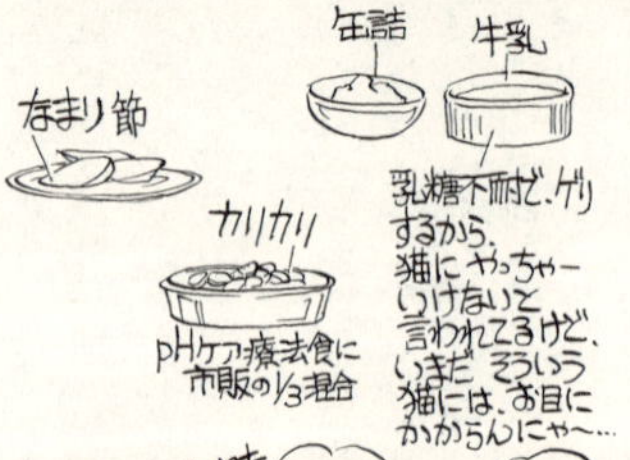

しかしこの“出しっ放し”も、健康管理のためには、常に個々の猫の食欲をチェックし、把握しておく必要があるので、家にいることの多い仕事だからこそ、できるのかも。決してお勧めはいたしません。
過食など食欲異常の猫は、母猫が完全ノラ、しかもそのコを妊娠中あるいは授乳期中に、自分の食べ物が充分でなかったり、人間や雄猫から隠れてピリピリしながら暮らしていた、あるいは次から次へと妊娠して、落ち着いて子育てされなかったコが、なりがちなように思えます。

かくいうフランシス子の母もとんでもない“放蕩女”で、私が業を煮やしてとっ捕まえて避妊するまで、おそらく100匹近くの仔を産んだでしょうに、すべて育児放棄。唯一生き残ったのが、カラスにずたずたにされて瀕死だったところを保護した、このフランシス子ただ1匹でした。

でも…必ずいるんです 食欲のコワレたヤツ

うちのフランシス子がそうです。

でも～太ってるっても、5kg台キープだし10才過ぎても血液検査異常ナシだし。
けっこうすばしっこいし…
“親の欲目か？やっぱ…”
恋する女
フランコママ
「タヌちゃん」フランシス子と色柄同じだけど長毛

外へ行く猫 いかない猫

これが不思議なことに、家生まれ外生まれにかかわらず、まったく個体別のように思えます。家生まれでも、当然のように外に遊びに出る猫もいるし、ノラ生まれでも本当に外に出たがらない猫もいました。ヒメ子も、バリバリの外生まれなのに、さほど外に執着が無いように見えます。最も頻繁に出かけ、遠出をして危険な時期は2、3才がピーク（タンのような例外はともかく）で4、5才頃から徐々に落ち着き、10才を過ぎるとほとんど出なくなるようです。

ラロミは出さないでねっ ぜーったいに!!
ふぁーい!
生へんじ
院長犬
実は出てます…

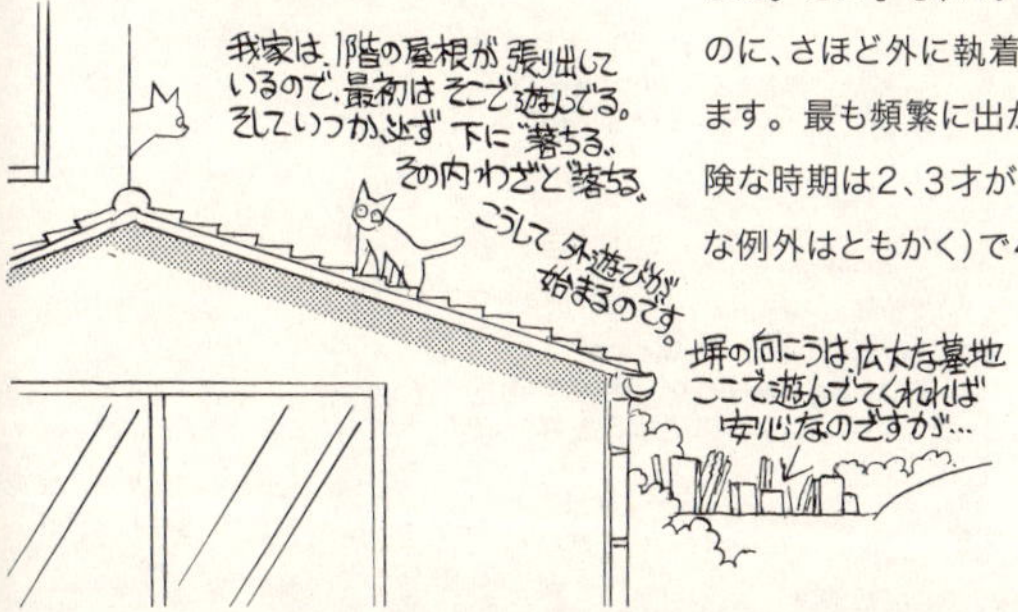
我家は、1階の屋根が張り出しているので、最初はそこで遊んでる。そしていつか必ず下に“落ちる”。その内わざと“落ちる”。
こうして外遊びが始まるのです。
塀の向こうは、広大な墓地 ここで遊んでてくれれば安心なのですが…

その❻——モレるんです

←不きげん

血尿も止まり、尿の状態も安定しているシロミ。
では尿モレも改善したのかというと、そんなことはありません。

しっかりとモレるんです！

ただメリハリがついてきたというか、食べたり遊んだりと、ある程度身体（神経）に緊張がある時には、ポタポタとモレることは少なくなり、ダラーッと弛緩して寝ている時などに、ジョワーッと一気にモラすようになりました。
また、ダランと垂れ下がっただけだった尻尾も、感情を表す時など先端が少しだけパタパタと上下するようになり、伸びをする時にはほぼ垂直まで上がるようになりました。これは多少なりとも、神経そのものが回復してきたことを示しています。

しかし先日避妊手術のついでに、D動物病院長がシロミのお腹の中を調べたところ、膀胱は萎縮して伸縮性を失ったイチジクみたいで、さらに腸も何ヶ所か腹腔の内壁に癒着していたそうです。
やっぱりシロミは、一生涯障害と付き合っていかねばならないようです。

やっかいなのは排便も同じで、ベッドに1コロ廊下に1コロと、

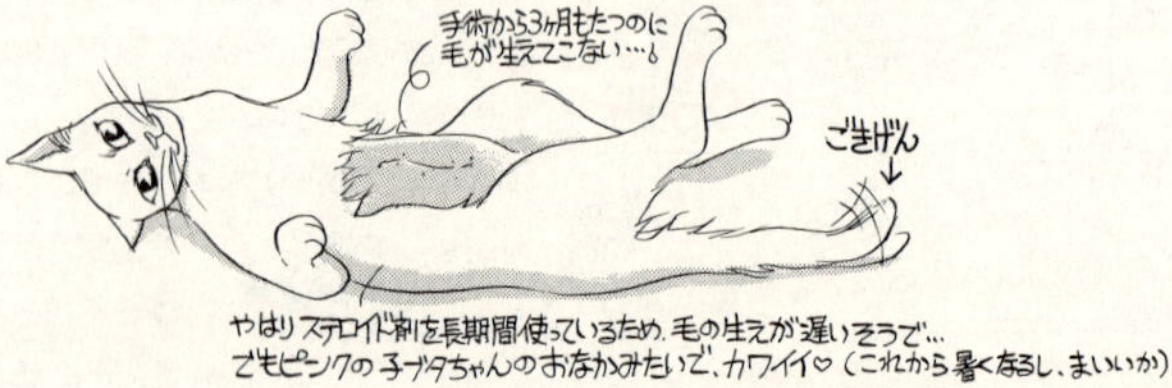
手術から3ヶ月もたつのに
毛が生えてこない…。
ごきげん

やはりステロイド剤を長期間使っているため、毛の生えが遅いそうで…
でもピンクの子ブタちゃんのおなかみたいで、カワイイ♡（これから暑くなるし、まいいか）

1ヶずつトコロテン式に押し出されてくるだけなので、常に便秘気味。便が詰まってくると、その固まりが尿道を圧迫して尿も詰まり気味。おしっこが一度に大量に排泄できないと、膀胱から溢れた分だけ常にタラタラとタレ流しになります。人間は廊下のモレだまりを踏んだり、落ちているウンコを蹴とばしたりと、スリリングな日常を味わうハメになります。

しかし体調さえ保っていれば、シロミが寝場所に決めている所にトイレシートを敷き、それだけではイヤがって寝てくれないので、その上に洗えるタオルやマットを敷いておけば良いわけで、飼う側にとってはかなり楽になりました。

思えばシロミがやって来た当初は絶望的でした。運動機能はほぼ正常なので、チョコマカと元気に走り回り、家中どこでもポタポタモラしまくる。おまけにおしっこは異常に臭い（膀胱内で細菌が増殖するため）！「院長は普通の猫の5倍はたいへんと言ったけど、こりゃ20倍じゃないかー!!」と思っていましたが、シロミも早2才。オトナの落ち着きも出て身体も丈夫になり、多少は改善も見られるし、飼う側としてもすっかり慣れて、シロミの行動パターンが読めるようになったし、双方歩み寄って、確かに現在では5倍というあたりに、落ち着いているようです。

シロミ避妊手術をする

昨年末に1度だけ発情したシロミ。でも脊髄末端の神経を損傷しているためか、その1度きりでした。それでも、発情期間は免疫力が下がるということなので避妊手術を受けることになりました。

臭い対策その1

シロミのおしっこは、とにかく臭い！ 尿の状態が保たれている現在はかなりマシになりましたが、３日間位膀胱内で“熟成”されてから出てくるわけですから、中で細菌が増殖している最悪の時などは、正に“飲み屋横丁の板塀”位のすごい臭いで閉口しました。でもやはり、臭いの原因となるモレ染みを捜し出し、完全にキレイにするのが一番早くて確実。

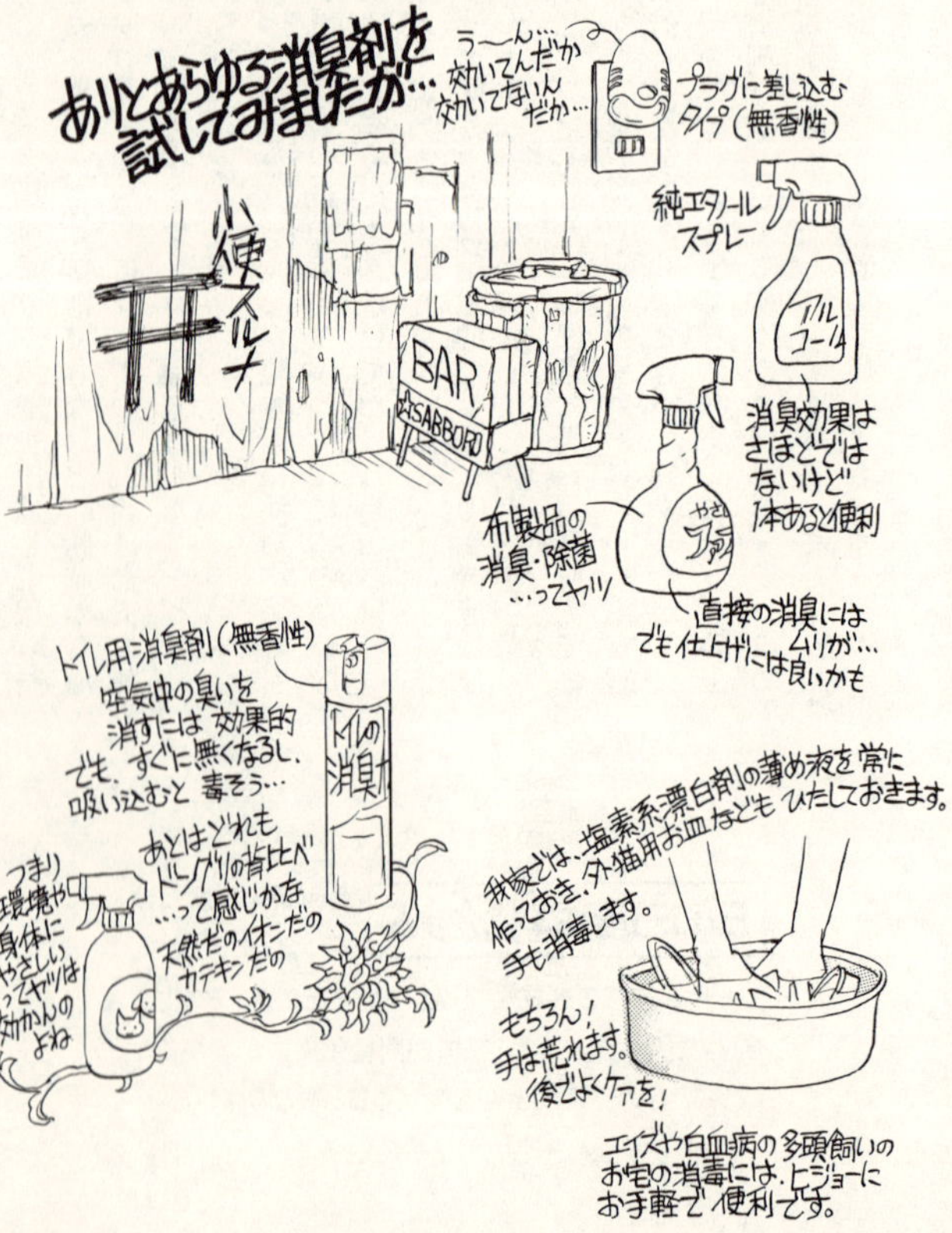

これは"好みのモンダイ"なので、絶対お勧めとは申しませんが…
塩素系漂白剤を20数倍に薄めてしぼった布で、何でも拭いちゃう！
この薄さなら、まず平気。
家具とかTVとかビニール製壁紙とかも
しっこ→
う
最近は便利な泡スプレーも
人や猫の身体に心配なら、後でしっかり水拭きを

完全に殺菌・消臭できるのは、実は塩素系漂白剤と、酸素系漂白剤（白木、色柄布物に）しか無いのです。

ビタン
ビターン
この辺が損傷部分
←ちょっとへコんでます
障害のせいで、いつもちょっと左脚が流れていて、横座り
色っぽい♡
外へ行こうものならモップ状態
この辺と
この辺

現在は、つけ根が少しだけ持ち上がるのでかなり尻尾のコントロールがきくようになったみたい。
かろうじて、引きずらないですむ

シロミのしっぽ

小さい頃のシロミは、ダランと垂れた尻尾を振り回して大暴れ。しかも尻尾の痛覚が鈍いため床や壁に思い切り打ちつけて、実は2ヶ所も脱臼しています。

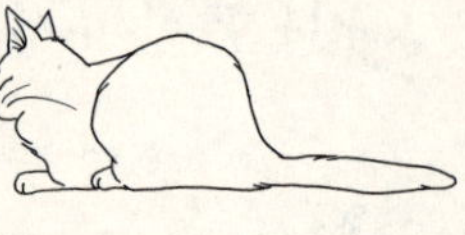

その❼——欲の深い人間

事故で左前脚に障害を負い、我家の猫となったヒメ子。彼女には3匹の兄妹がいます。

唯一の雄は、かかりつけの「D動物病院」の飼い猫となりました。残る2匹の姉妹は無事避妊手術も済ませ、大通り沿いのKさん宅の隣の空地で暮らしていました。彼女たちは、代々この空地で子育てしてきたトラジマ一族最後の子供たちだからと大切にされ、タケちゃん・アカちゃんと名付けられ、Kさんや隣近所の人たちのアイドルでした。

そんなある日、突然Kさんがタケちゃんの亡骸を持って我家を訪れました。驚いて尋ねると、3日前まではピンピンしていたのに、急に食べなくなり、翌丸1日姿を隠していたと思ったら出て来て死んでいたとのことでした。そんなヘンな病気ってあるのだろうか？と疑問に思いましたが、もしかしたら事故で車にでも当たって、ジワジワと脳か内臓で出血していたのかも……と、釈然としないまま、一人暮らしで持病のある高齢のKさんに代わって、お墓を掘ってタケちゃんを葬りました。するとそれからちょうど1週間後、残る1匹のアカちゃんが、まったく同じ経過で瀕死の状態で見つかったと、

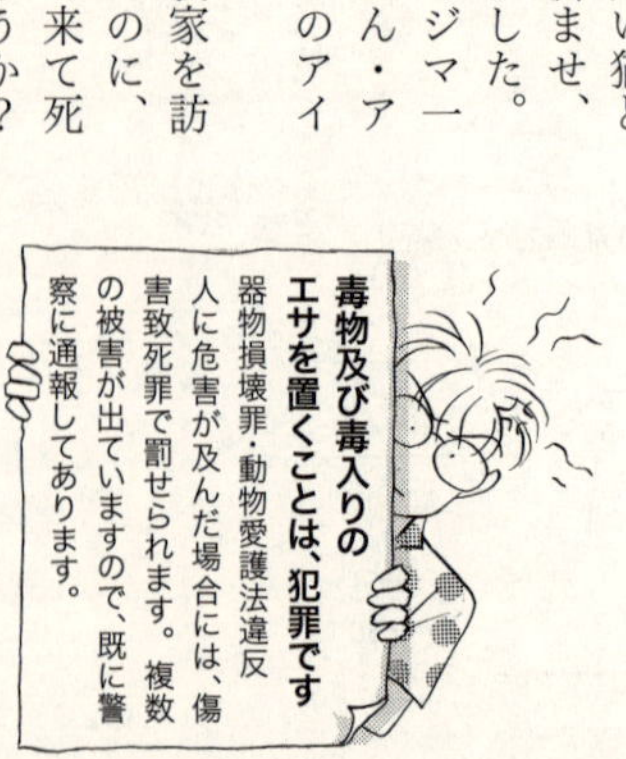
毒物及び毒入りのエサを置くことは、犯罪です
器物損壊罪・動物愛護法違反
人に危害が及んだ場合には、傷害致死罪で罰せられます。複数の被害が出ていますので、既に警察に通報してあります。

Kさんに呼び出されました。アカちゃんの体温は低く意識はもうろうとして、かなり危険な状態でした。急いで「D動物病院」に運びましたが、1時間後に死亡の知らせを受けました。

D院長によると、アカちゃんは急激な腎不全・肝不全による脱水と高カリウム血症の状態で、自然の病気とは考えにくい、薬物による可能性大であるとの話でした。

何者かが、エサに毒物を入れたのです。

Kさん宅の周辺では、以前からその噂がありました。猫や、犬までもが突然死していたのだそうです。猫が家の間を通るのが嫌で「お薬撒きましたのよ」と言っていた奥さんがいたとか聞きましたが、その時は「まっさかー！」と、特に深刻には受け止めていませんでした。Kさんは警察に届け、私は牽制のためのビラを貼りまくりましたが、遅すぎました。もう2匹は戻ってこないのです。

Kさんの落胆ぶりはいかばかりか、気の毒で声をかけることもできません。

家の間を通られない権利？　花壇を汚されない権利？　自分の持てるあり余る権利の内、ちっぽけな最後の一片まで行使するために、弱い生き物の生きるというたった一つの権利さえも奪い取る。そんな普通の人こそが一番残忍で、欲深いのだと思い知らされました。

同じような経験をされた方

やっている人にさしたる罪の意識はなく、「ゴキブリがいたから、ホイホイを置いた。ネズミがいたから、殺鼠剤を撒いた」程度の感覚の人がほとんどです。まずは「犯罪である」と、知らしめましょう。すぐにはがされても、捨てられても、このようなビラ１枚、目に入れるだけで抑止力となるはずです。

臭い対策その2 布製品

人間用尿モレ防止シーツはビニール張りで、洗濯可です。しかし暑い!! 寝苦しいです。さすがに夏場は使用を断念しました。もしも寝たきりのご老人に、これを使用しているお宅があったら充分に気をつけてあげてください。とにかく、もらされたら本当に困るのは、ベッドマット・ソファー・羽布団など洗いのきかない物です。徹底ガードしかありません。

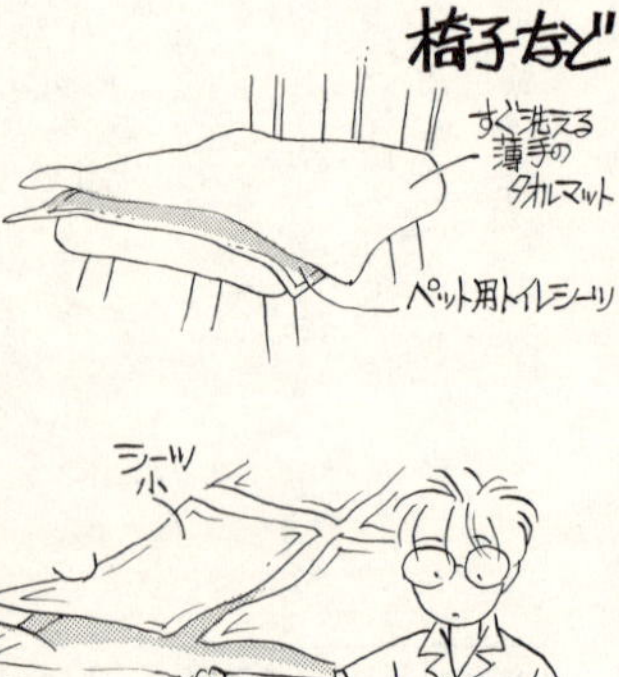

普段使用していないベッドはペット用超ワイドシーツ2枚でカバーできてしまうのだけれど、ちょぼっともらされて大きいシーツを全部替えるのはあまりにももったいない。そこで、超ワイドの上に小シーツを並べて、部分替えをしています。

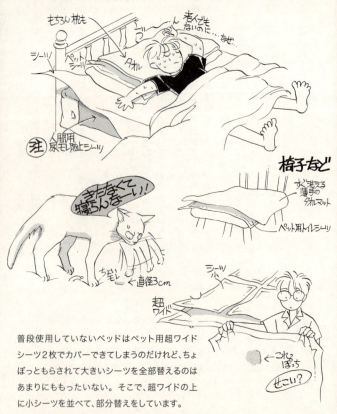

ちょいモレ

脱水しちゃいます!
ちょこっとひと吹き
泡スプレーが無い場合は…
水でぬらした布かティッシュに原液を含ませてたたいても、
後で必ず水だけでトントンを
トン
トン
布団やマットにやられた時も、これでなんとかなります。

ご存じのとおり猫はとっても清潔好き。ちょっとの汚れも許してはくれません。シーツなどの大物は、そのたびに洗うわけにもいかないので、そんな時には酸素系漂白剤が役に立ちます。

羽布団のクリーニング代4000円
しっこのシーツ
クリーニング屋のお兄ちゃん
しっこの羽布団
請求書

「せっかく気持ちのいい寝場所を見つけたのに、どうしてすぐに汚れて寝られなくなっちゃうんだろう……」と、シロミは本当に悲観した顔をすることがあります。その顔があまりにも哀れで……。

結果
いいんだよ!! シロミはいくらでももらして
ガバッチ!

「そこはヤバイ!」と思っても、できるだけ制限をしないようにしています。

その❽——集会に出る

猫のミステリーとして知られる行動のひとつに、「猫の集会」があります。

確かに夜中1ヶ所に10匹ほどが、押し黙って集まっている様子は、不気味に見えることでしょう。互いの無事を確認しているんだとか、テレパシーで情報交換しているんだとか、人間どもは勝手な理屈をつけます。でも、実はアレ、なーんにもやってないんです。いや、むしろ日頃常にピリピリと神経を尖らせて生きているノラなどにとっては、得がたい無為の時間なのです。

「集会」ができるメカニズムはこうです。

まず親子や兄弟など、比較的仲の良い2、3匹がベースとなります。そこへ顔見知りの猫が通りかかると、「おっ」という感じで立ち止まり、距離をおいて座ります。この時その猫が、まったくのヨソ者だったり、いじめっ子のチンピラだったり、また逆に仲が良すぎたりしても集会には発展しないようです。

こうして飼い猫、ノラ猫関係なく、顔見知り同士が、つかず離れずの距離をおいて増えていきます。

もうひとつ集会が成立する条件として、ボスの参加も不可欠と

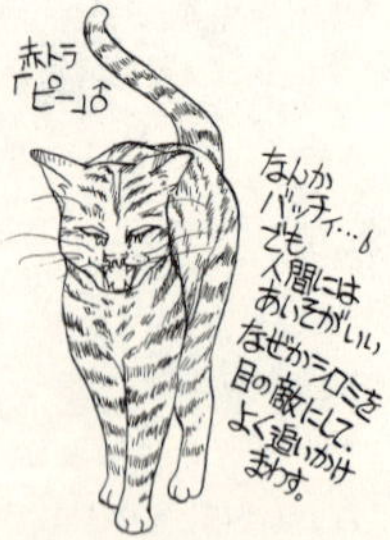

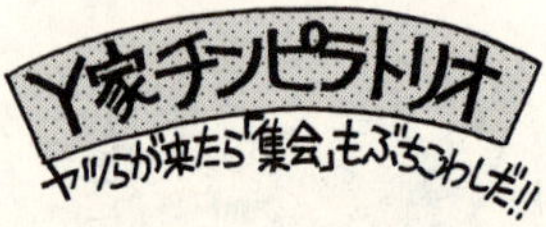

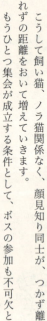

思われます。いわゆる猫のボスは、犬の場合のリーダーとは違って、猫集団を統率する訳ではありません。ケンカは強いが女・子供には優しい、すべての猫に一目おかれる〝猫望〟の厚い去勢していない雄が、地域のボスです。ボスが加わることにより、抑制がきくのでその後は、チンピラ猫やヨソ者も遠まきに集会の外郭に加わることができるのです。

　かくして、路上に車の下に塀の上、半径数メートル内に等間隔で散らばった、10匹余の「集会」の完成です。

　私は時折このボスの役割を担うという栄誉に与ることがあります。

　風の心地好い夜、猫たちの集団の中に座り、寝転ぶ者、毛づくろいをする者、足下の虫にじゃれる者と、思い思いに過ごします。

　お寺の大きな樹が「ザワッ」と鳴ると、皆一斉にその方向を見ます。「なんだ風か」「あ！　車が来た……曲がって行った」「どこかの家の食器の音」「ガアッと一声夜の鳥」。耳だけが生きていて、頭はカラッポ。いつの間にか完全に猫たちとシンクロしている自分に気付きます。瞑想に近い無我の境地です。

　ニューエイジ風に言うならば、集合意識に身をゆだねることにより、尖った神経や意識を解放できる……。「集会」は、猫たちにとって貴重なリラックスタイムなのでしょう。

この夏去った猫たち

独立心旺盛「ジャガ」♂
大通りで事故死したと聞かされる
シロミと同期のトラジマブラザーズ 2才
「ウズラ」♂
7月頭に姿を消す おそらく事故に…
最古参の1匹
「チョビマ」推定16.7才 老衰か.

ゴリは♀だけを捕まえる。
♂はとりあえず無視!
♂は出入りもはげしく、完全ノラの
5年生存率は、1割にも
満たないと思われますので。
男は恋とケンカに明け暮れて太く短く生きるのよ
顔デカッ
この辺の暫定ボス
「モド」
♂(玉アリ)
推定8才
おそらくトラジマブラザーズ&ヒメ子のパパ

避妊の威力

そんな集会ですが、実は今や“隔世の感”すらあります。我家の管理下にあった外猫が、ついにたったの2匹になってしまったのです。

10年ほど前に意を決し、2、3年かけて雌猫ばかり20匹余捕獲し避妊させました。その成果がここになって現れたと言えるのかも知れません。

残る2匹
今までお互い無関心だったのに、
やはりさびしいのかよく寄りそってる
「テンちゃん」♀
推定17.8才
トラジマブラザーズ
「ウリ」♂

エサをやっていたら限りなく増えちゃうんじゃないか――いくら雌を避妊しても1匹でも残れば子供を産んで、その中の雌が半年位でまた産んで、ネズミ算式に増えていくから徒労じゃないか――という考えは間違いです。ノラの生存率は恐ろしいほど低いのです。エサをやった位では限りなく増えません。私が完全避妊作戦に踏み切った理由も、増えていく恐怖からではなく、逆に、春に生まれてコロコロとたわむれる仔猫たちがどんなにケアしても秋冬になると一年草のように消えていくその繰り返しを見ているのに耐えられなくなったからなのです。

望んでやったこととは言え、いざ少なくなってみると寂しい。でも“猫”は天下の回り物(?)。また、いつ子連れの雌が大挙移住して来ないとも限りません。来る者は拒まず、去る者は追わず、しばらくは自然に任せておくことにしましょう。

その❾——薬・くすり

病気になった時、薬に頼る人がいます。新薬にはすぐに飛びつき、副作用が出ればまたその副作用を抑える薬を追加したりします。一方西洋医学の薬を敬遠し、漢方や気功、民間療法で病気を治そうとする人もいます。

そんな飼い主の趣味嗜好は、そのまま飼い猫にも持ち越されます。迷惑（？）なのは猫の方で、何も知らぬまま飼い主のシュミと一蓮托生です。

私はどちらにも偏らないよう心がけているつもりなのですが、やはりイザという時は西洋医学に頼らざるをえません。よく長期間ステロイドや抗生物質を使っていたせいで、焼いたらお骨がボロボロだった、などと怖がる人がいますが、死んでからお骨がボロボロで「なんぼのもんじゃい！」と思います。短い猫の一生、まして我家には難病や大病をかかえて来る猫も多いので、生きている間が華なのです。いかに苦痛が少なく、飼う側の負担も最小限で、快適に過ごせるか……が、すべてです。

我家のかかりつけ「D動物病院」は、どちらかというと薬好きです。ただ院長の観察眼が優れているのと、薬量や抜き方などの

匙加減が絶妙なので、投薬ミスや副作用で危険にさらされることは、まず無いと安心しています。

よくD院長が取る方法に、あてずっぽう投薬があります。どこが痛いの苦しいのと、症状を説明できない動物たち。通り一遍の検査データにも特に異常が出てこない場合、まずは当て推量で2、3日投薬してみるのです。それで症状が改善すれば当たりで、そこから逆に病名も推察できる訳です。

この方法は決して人間には許されません。病名が確定されるまでは治療にも入れず、とにかく検査検査の毎日で、お年寄りや重病人などは、それだけでまいってしまいます。

病名なんぞは後からついてくればいい。「まずは症状の改善ありき」という動物の医学の方が、よっぽど人道的だよなぁ……などと思ってしまいます。

とは言うものの、現在我家はものすごいことになっています。シロミが神経回復のステロイドと尿酸化サプリ、クロコが抗生物質と体内毒素を吸着させる炭素剤、フランシス子とヒメ子が白血病の発症を抑えるインターフェロン。夏の休暇で、数日間全員を「D動物病院」に預かってもらうため薬の説明を始めたら、「うぇ？めんどくせーなー！」と院長。……って……「全部あんたの指示やろがー！」。

Q さて!どうやって薬を飲ませたらいいでしょう?

◉近寄っては来るけど、やっと触れる程度。直接飲ませるのは不可能。

◉2、3日姿を消して帰って来た時には、慢性の鼻気管炎を悪化させて、いつもすでに手遅れ状態。もはや何もノドを通らないので、エサや牛乳に混ぜて飲ませるのもムリ。

◉今日、薬をやらねば、きっと死にます!

A
← 次頁

A 触らせない 食べられない猫に 薬を飲ませる イチかバチかの最終手段

我家では動物病院から、「テトラサイクリン」という鼻気管炎に有効な抗生物質を“5kgノラ相当”で分けてもらって常備しています。これを室温に戻した豆粒大のバター＋ハチミツ1、2滴によーく練り込み、スキを狙って猫の顔や体にベッタリ塗りたくるのです。その場からダッシュで逃げて行っても、“ハチミツ・バター”の美味しさと気持ち悪さに耐えられる猫はいない！必ずどこかでなめるはず。後は猫の運と生命力に賭けましょう。もちろん有効なのは、鼻気管炎のみです。他の病気による食欲不振や、白血病やエイズによって重症化している鼻気管炎にはあまり効果は期待できません。

液状の薬 ヘンな薬…

……なのは、シロミの尿酸化サプリメント“メチオニン製剤”と、高齢で腎機能が低下してきたクロコの体内毒素を吸着し、排泄させるという炭素剤でしょう。

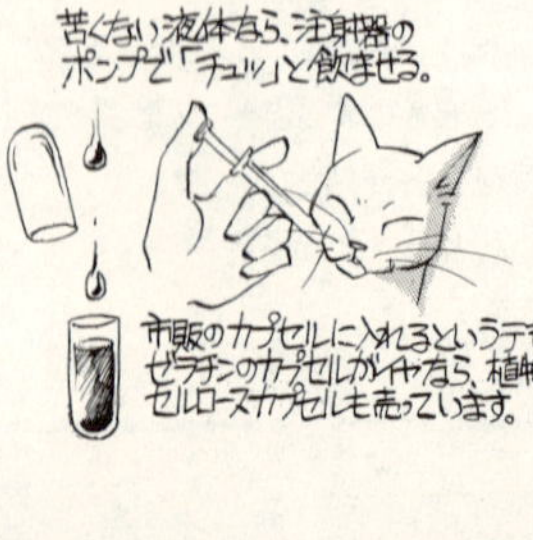

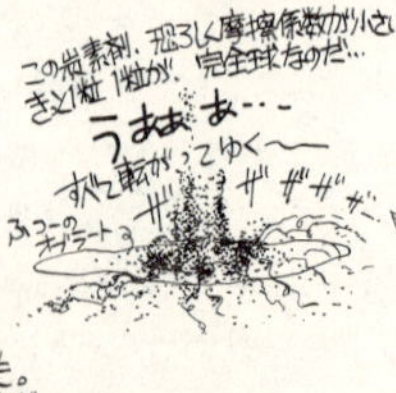

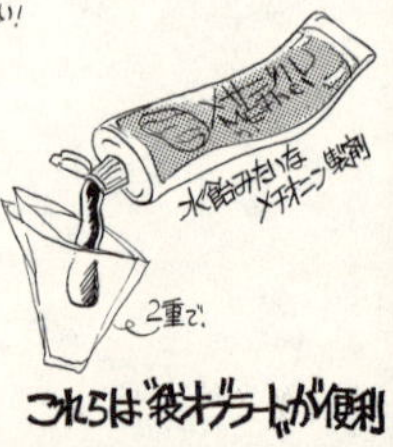

フランシス子
ハラ

ヒメ子
すっかり　オトナ

インターフェロン

これはまだ一般的には普及していない方法らしいのですが、インターフェロン（粉状）を毎日１回飲ませ続けると、２割程度の確率で伝染性白血病の発症を抑えることができるというのです。我家はフランシス子とヒメ子が白血病のキャリア。薬は安価で、副作用はまったくナシというので、かつて白血病でテバ（♀）という猫を５才で亡くし、たいへんツライ思いをしたことがある私は、すぐに飛びつきました。

この薬はオブラートなどで直接胃に放り込むよりも、口やノドの粘膜に触れた方が効果があるということなので、やはり“バター練り込み法”で。

コロンビア大の先生が発見した方法だそうな
インターフェロンって、聞いただけで怖がっちゃう飼い主多いんだよねー
院長犬

ウゲッ
ムリッとなめさす
ちょっとイヤだけどバターなので、なめちゃう

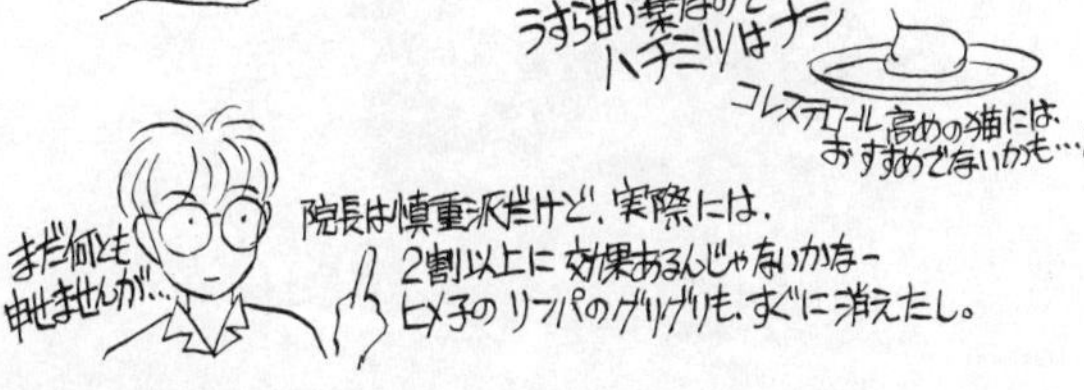
うすら甘い薬なので ハチミツはナシ
コレステロール高めの猫には、おすすめではないかも…
まだ何とも申せませんが…
院長は慎重派だけど、実際には、
2割以上に効果あるんじゃないかなー
ヒメ子のリンパのグリグリも、すぐに消えたし。

その⑩——予想外です！

トラジマブラザーズ最後の生き残り「ウリ」が、急死してしまいました。

年末、東京は記録的な豪雨に見舞われました。2、3日前から、どうも食欲が落ちてきたな、と思っていたウリは、雨のしぶきが吹きかかる玄関先の箱の中で、固く丸まり込んで寝ていました。箱には電気マットが入ってるし、あまりにも具合が悪そうだったら明日病院へ連れて行こうと、その夜はそのまま寝かせておきました。翌日気温は急上昇し、ウリの姿はありませんでした。隣の墓地に日なたぼっこにでも行ったのだろうと、さして気にもとめませんでした。深夜になってウリは箱の中に戻っていました。そして翌日も早朝から姿を消し深夜に戻って来る……ちょっとまぬけなウリらしく、どうやら死に場所を求めて出て行っては、ザセツして深夜戻って来ていたらしいのです。その翌日、もはやウリは出て行く力も無く、箱の中にうずくまっていましたが、運悪くその日は私の母親が緊急入院というバタバタ騒ぎでどうにもならず、とりあえずウリを家の中のケージに回収し、保温だけは万全にして翌日、年の瀬の30日、忙しくて殺気立っている院長のイヤミを覚悟しつ

玄関を出ればゴロンゴロン♡
帰って来れば、まっ先に飛び出して
出迎えてくれた
「ウリ」
シロミにパンチを
くらっても、
チンピラトリオに
おどされても
ひたすら耐え、
人に対しても、猫に対しても一度も「シャー」という顔を
見せたことのない、私の猫史上最も性格の良い
天使のような猫でした。

つ、「D動物病院」に連れて行きました。
ひどい脱水と黄疸、おそらくは「汎白血球減少症」で、肝臓と小腸がひどくやられているとのことでした。それからD院長が正月返上で（ホントはいい人です！）治療や輸液をしてくれたにもかかわらず、白血病のキャリアで元々免疫力の低いウリは回復することなく、下血が止まらず、元日の夜あっけなく死んでしまったのです。

信じられない思いです。シロミと同い年、姉弟のように育ってきたウリ。すでにたった2匹になってしまっていた外猫の一方「テンちゃん」は、15才は下らないお婆ちゃんだから、きっと先に死んでしまうだろう。1匹になった時、ウリさえ良ければ家に入れてやろうとさえ思っていたのに。

これより少し前、この辺のボス「モド」も、元気が無いなーと思っていたら、姿を消して戻って来ません。おそらくは、同じ伝染病だったのでしょう。こうしてノラは、数日であっけなく命を落としてしまうのです。

ついに外猫は、剣呑な婆ちゃんテンちゃん1匹になってしまいました。玄関の扉を開けたら、ワッと猫たちが群がって来る。そんな二十数年にも及ぶ外猫ライフが、こんなにあっけなく終止符を打ってしまうなんて！

いまだに触らせてもらえない、コワイお婆ちゃん
「テンちゃん」
もしかしたら17、8才か!?
食欲旺盛
健康で太って
マイペース
先日、
「テンちゃん
さびしいねえ…」——と、やさしく語りかけたら、
「シャ〜ー」と、威嚇されました…。

猫の行方不明

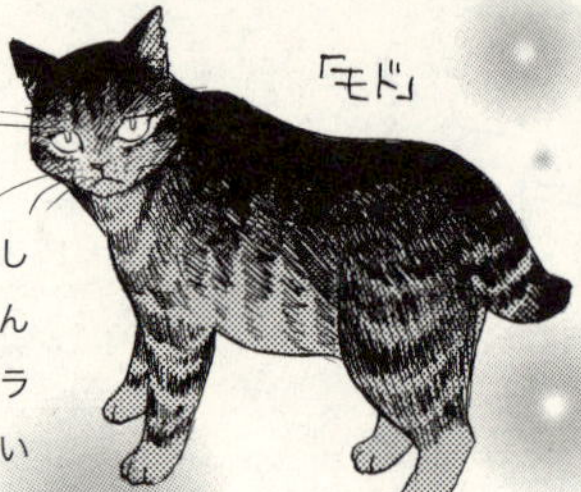
「モド」

◦いつもいる“外猫”が姿を消した場合

やはり「モド」のように、ほんの数日で病死してしまったり、交通事故で死亡している場合がほとんどでしょう。しかしノラは、雄・雌にかかわらず、ライバルにこてんぱんにやられたり、うっとうしい“いじめ猫”がいたりすると、どんなに良いエサ場や寝場所であっても、いともたやすくその“シマ”を捨てて別の場所へ“ショバ替え”し、まったく姿を見せなくなってしまうことがあります。このケースは意外に多く見られます。

現にうちの「ヒメ子」の母「おねーちゃん」は、
子育て中は我家の庭にいりびたり、数ヶ月前まで
弟の“トラジマブラザーズ”と一緒の箱に
寝たりしてたのに、今ではまったく姿を見せません。
でも、100mほど離れた場所で、
何度か元気な姿を確認しています。
ここはチンピラトリオがうっとーしーのよねっ
「おねーちゃん」
Y家チンピラトリオ
ミュー
ピー
チビ

だから、外猫が姿を消した時には「きっとどこかで、元気に暮らしている」と、信じることにしています。

飼い猫の家出

◦普段室内飼いの猫が脱走した場合

まず生命の心配は無いと思っていいでしょう。冒険心旺盛なコなら2、3日帰らないのは覚悟しましょう。猫のキャラクターにもよりますが、呼んで捜して追いかけても逃げ回り、身を隠したりするだけでムダ。たっぷり外の世界を満喫して、空腹も限界の3日目頃には家の周辺に戻って来ているはず。姿を見つけたら、静かに声をかけ、出て行った窓や扉を開け放して待ちましょう。

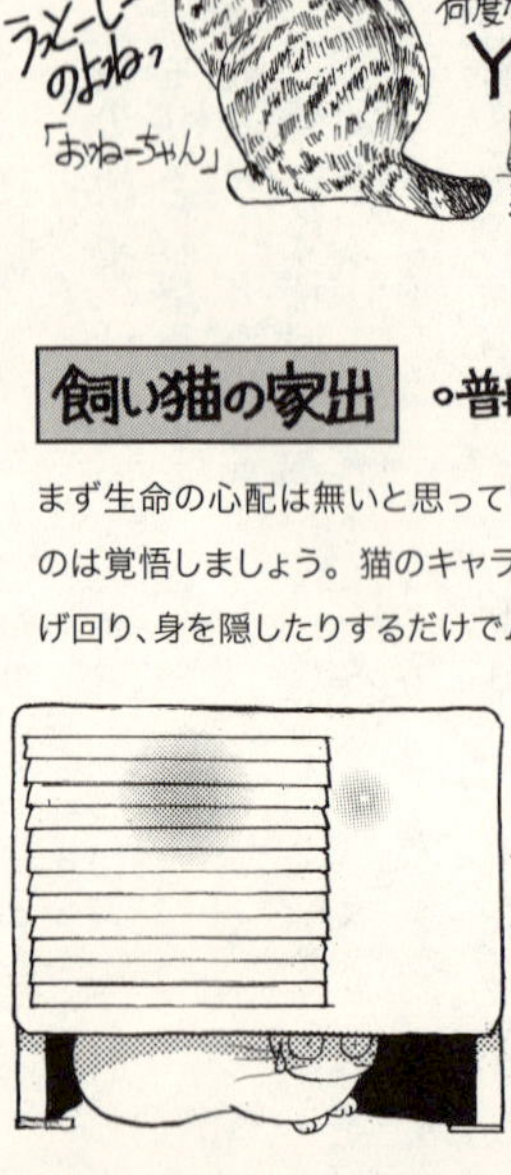
完全室内飼いで、
極端におくびょうな
コの場合は家の周囲から
離れていないはず。
縁の下・室外機の下
植え込みの中などに
固まっていたりします。
驚かさないよう
そーっと近付いて。

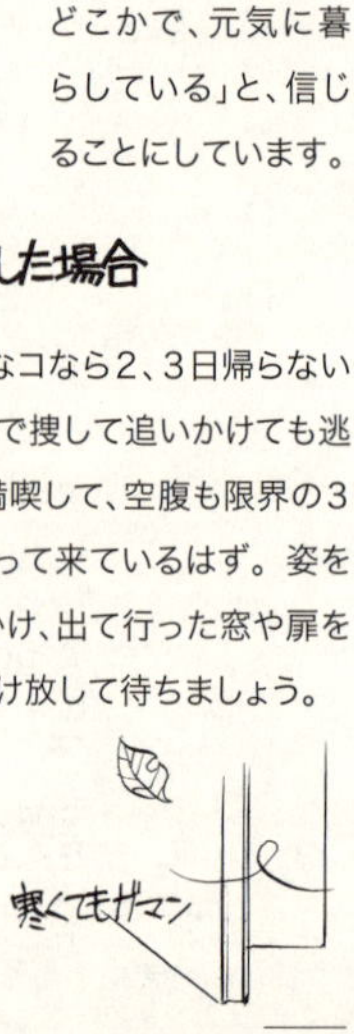
寒くてもガマン

◦普段から外へ行く猫が帰って来ない場合

これはちょっと心配です。最悪の場合、事故の可能性も。

折り合い悪し
まれに見る美猫で
障害をかかえながらも
けなげに生きる
シロミですが
ハルノ宵子
実はけっこう
「根性ワル」
シャシャーッ
ババババッ
ヒメ子
シャー
シャー
シャーシャー
バババ
フランシス子
ササミ
パパパン
パパパ
て…
てごわい

ブツ
今日は この辺で カンベーンしといてやるゎ
でも クロコには—
なめて♥
なめて
いーえ! たまには あんたが なめて
……
……
ぐやじーーっ!!
シロミーッ
ガバ

吉本家 歴史の中の猫たち

父の実家には、「タケ」という白黒ブチ猫がいました。祖父母の代からいた猫です。家は大工をしていた父の弟夫婦が継いでいました。今でこそりっぱな工務店兼住宅ですが、当時の家は古くて、むやみに増築されたみょーな2階(?)の作業場があったりして、よく従姉妹たちとかくれんぼをして遊んだものです。「タケがタンスの引き出しの中で、赤ん坊産んじゃったのよ」と、叔母さんから聞いて、怖かったのを覚えています。「もータケったら、どこでも産んじゃうの!」という割には、1匹としてタケの子供を見たことはないので、産みっ放し母さんだったのでしょう。当時はまだ猫の避妊手術など、一般的ではなかったし、ドブ川の多かった東京の下町です。死んだ仔猫は川に流したり、空地に埋めたりしたのでしょう。タケは昭和30年代に、一生を生きた猫でした。

タケ♀
さすがに正確な柄は覚えてない…けど絵に描いたような白黒猫。そして決して美猫ではなかったと…
オニーテ♂
今思えば、Y家"チンピラトリオ"の「チビ」によく似てるかも…
白い部分がまったくないパーフェクトな赤トラ

オニーテは、2度目の引っ越し先で逃走。
そして、2度と帰っては来ませんでした。

私が4、5才の頃、「オニーテ」という赤トラ猫がいました。当時まだ一人っ子だった私にとって、オニーテは唯一の遊び相手でした。60年代学生運動の伝説的リーダー(後に精神科医)だった、故・島成郎さんの奥さんは、大変そそっかしい人で、オニーテのことを「オナニー! オナニー!」と呼んで皆をドン引きさせたそうです。

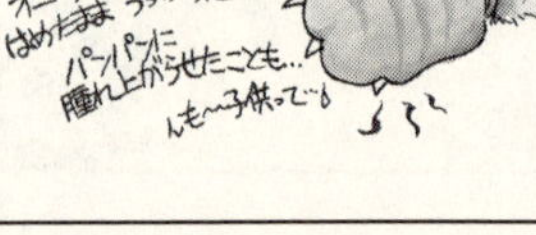
ブレスレットのつもりでオニーテの前足に輪ゴムをはめたまま うっかり忘れて、
パンパンに腫れ上がらせたことも…
んも〜子供って〜

父の愛猫《あいじん》たち

サンキチ♂

我家生まれの一族の3代目。隣家へ貰われたのに、あまりにもしょっちゅううちに帰ってきてしまうので、“返却”。妹にベッタリだったのですが、妹は“男”に走り、すっかりいじけ猫に……。その後は父にベッタリでした。

'96年
エイズが元で
亡くなりました
最盛期は
かなりおデブ

ちょ～かい
ちょ～かい
ニャンニャン
ニャンニャン
ホイホイホイ
抱っこ抱っこ
ちゃ～ん
とうてい“文豪”の仲間入りはできそうにない、猫語の数々
今や相思相愛の2人
でも、心ここにあらずで、なでていると、
いきなりキビシク噛まれるそうです。

現愛猫

フランシス子♀

乳離れしてすぐの頃、カラスにズタズタにされ大手術。その後、妹宅に貰われていったものの、犬とのタッグマッチに疲れはてた妹から“返却”。

ニャ～
こうして、日に何度も
父に「抱っこ」を要求しに
来ます
よく流血してます！
ピュ～

その⑪——明日は明日の

このところのシロミは、しつこい糞づまりに悩まされています。

シロミの障害は「馬尾神経症候群」と言って、ちょうど脊椎と尻尾の骨の境目あたりの神経を損傷しているのです。交通事故でここをやられる猫も多いのですが、おそらくシロミは、ちょこまかした仔猫の頃、前の飼い主にうっかり上から踏んづけられたものと思われます。

「膀胱がいっぱいだよ！」という信号が、脳に伝わる途中で遮断されているため、シロミは尿意を感じることができません。逆に脳からの「排尿せよ！」という信号も膀胱に伝わらないので、膀胱は常に満タン。余剰な分だけタラタラと溢れ出すという仕組みです。

これはウンコの場合もまったく同じ理屈で、直腸にたまった端からコロリコロリと外に押し出されてくるだけなのです。健常な猫のように、水分や繊維質を多く摂れば改善するとかいう問題ではありません。ただちょっとだけ幸いなのは、シロミのウンコは直腸に長く停滞しているためか、カラッカラに水分が抜けていて、1個が直径2センチ位のチョコボール状、踏んでも崩れないほど硬く、うっ

びろうなお話

正に肛門から、ウンコが出てくる瞬間を見たことがある人は少ないと思いますが、我家では、毎日見られます。

少数派でかまいません
盗
松本さんゴメン！
もちろんここまで出てきてるのを目撃したら、紙で取りますが…

※漫画家・エッセイストの松本英子さん

かり蹴飛ばすと「コンコロリーン」と軽やかに転がっていきます。これは掃除する者にとっては、かなり助かります。

なんて言っている場合ではなく、この小石のようなウンコが腸にスシ詰め状態になると、それが尿道を圧迫し、今度はおしっこすら出なくなります。ヘタをすると数日間おしっこもウンコも出ることがなく、こちらとしてもラクなので、ついつい多忙にかまけて放ってしまい、危うく腸管破裂寸前というところまでいってしまいます。

さぞかし苦しいんだろうな……と思うのですが、その苦しささえも脳まで伝わらないので、意外に平然としているシロミが、かえって哀れです。

あまりにもひどい糞づまりの時は「D動物病院」で院長が「クソーッ！オレはこれから寿司食いに行くんだぞ！」などと毒づきながらも、シロミの直腸付近のウンコを指でほじくり出し、さらに横行結腸あたりからのウンコをしごき出してくれます。「シロミはこれから、どうなっていくんだろうね」と、院長がつぶやきます。元気なシロミですが、本当は危うい綱渡りで生きているのです。

もっと歳取って、全身の機能が落ちてきたら……なんて考えても仕方ない！

ここは猫流に、「明日のことは明日考える」……です。

こーんなかっこでも、出ちゃうんです!!

動物のTVでよく見る、赤ちゃん出産シーンや海亀の産卵なんかとよく似ていて、「も……」っとウンコが姿を現す様子は、「なんかカワイイ」と感じてしまうのは、私だけでしょうか。

猫砂で健康診断？

我家の猫トイレは、スーパーやコンビニでも売っている、ごくごく一般的な、あの「重い・散らばる・ホコリが立つ」と、さして評判もよろしくない、「ベントナイト」主成分の猫砂を使っています。5匹の内、シロミはまったくトイレ無用だし、フランシス子とササミは、家では決して用を足さない外出派。トイレを使うのは、クロコとヒメ子だけなので、流せる砂など、もっと扱いやすい物に替えてもよいのですが、実はこのベントナイト製の砂、ちょっとおもしろい性質を持っているのです。ベントナイト製の砂は、尿比重が高いと固まらず、逆に尿比重が低ければ、ベッタリと固まるのです。例えば発情期の雄など、成分の濃い（？）おしっこだと（たぶんシロミも）パラパラになって、ほとんど固まりません。健康な猫のおしっこは、皆様ご存知、きれいな“ブリオッシュ型”に固まります。しかし、うちのクロコのように高齢で腎機能が低下し、薄い水のようなおしっこだと、ベッタリとコンクリートのように固まり、シャベルの柄さえ折れるほどです。……ですから、10才を超え、高齢の域に入ってきた猫のおしっこがこれまでキレイなブリオッシュ型だったのに、なんだか急にベッタリと固まりだしたら、腎機能低下を疑って、一度獣医さんに診てもらった方が良いかも知れません。

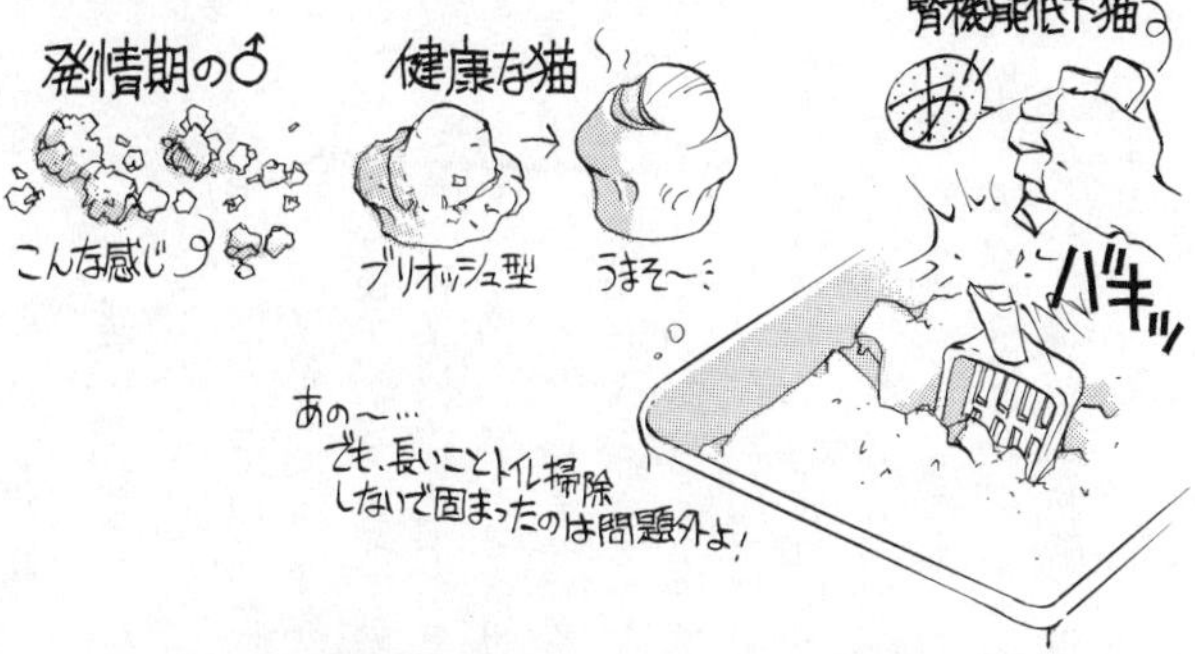
発情期の♂
こんな感じ
健康な猫
ブリオッシュ型
うまそ〜
腎機能低下猫
あ
バキッ
あの〜…
でも、長いことトイレ掃除
しないで固まったのは問題外よ！

砂を食べる猫

けっこう多いですよね。私の妹が飼っている、超“変猫”タマちゃんも砂を食べてしまうので、砂のトイレを止めてしまったそうですが、実はベントナイト製の砂は少々なら猫にとって胃の薬のような効果があるのです。

魚のエサにもなるし
ペッ
ペッ

胃ガンを患っていた
タンという猫も、
よく砂を食べていました。
きっと、胃をスッキリさせたり吐いたりと、
草と同じような効果なのでしょう。
なので、あまりあわてて
止めなくてもだいじょうぶ。
もっとも市販の砂は、
純ベントナイト（珪藻土）だけでなく、
他の薬品成分も入ってるので、
度が過ぎないよう注意して。

タマちゃん
できそこなった
スコティッシュ
う〜ん…
ヘンすぎて
うまく描けない…♪
ウソだと思うでしょうが
こんながら
マニア垂ぜんの
ヘン猫
もちろん性格もヘン！

その⑫——超ヘン猫

『猫らしい猫はいない』というのは、漫画家・萩尾望都さんの名言ですが、人間同様猫それぞれに個性があり、1匹として同じ猫はいません。

仔猫は人間の子供の数倍の速度で育っていくので、生後すぐからの成長過程を観察していると、何がその猫の性格形成に影響を与えたかを知ることができます。

例えば、早くに母猫から離されたり、母猫が落ち着いてお乳を飲ませられない状態にあったりした場合には、過食や毛布などを食べてしまう異食症、また、度が過ぎる「チュクチュク」や「モミモミ」が出たりします。他にも、母猫が常にビクビクしながら子育てをしていたり、人間や他の動物から怖い目にあわされたりすると、極度の臆病猫や、人になでられるのに耐えられず、すぐ嚙みついてくる猫になる傾向が見られます。こうして猫だって、トラウマをかかえながらも懸命に生きているのです。

しかし時には、その範疇ではまったく説明できない猫に出会うことがあります。

「レバ（♂）」という猫は、昼の間は決して人間に触らせず「ウギヤギャギャ」という奇声を発しながらカサカサと逃げ回り、夜こちらが眠ってしまえば自分の物と思うのか、人の顔を抱きかかえてメタメタとなめまくる。遊んでやれば勢い余って、テーブルの裏や柱に頭をぶつける……と、まるで未知の小動物と暮らしているようでした。

これはもしかして、人間で言うところの「注意欠陥多動性障害（ADHD）」なんじゃないか……？　と感じたことがあります。

私の妹が飼っている「タマちゃん（♀）」も、マイペースを超越した奇妙な行動を取ります。6才になるというのに、トイレという概念が無く、したい所で用を足す。突然走り出したかと思うと、いきなり廊下で2本足で立ち上がり宙を見つめたりするそうです。

もしかしてタマちゃんて「高機能自閉症」ってやつかも……と、妹は言います。

人間の場合、現在では自閉症もADHDも脳機能の発達障害が原因であると言われていますが、それは猫や他の動物にもあり得るのかも知れません。でも私は障害というよりも、通常とは発達のベクトルが違うだけだと考えたいです。

高機能自閉症の人が、時に数字や音楽に特別な才能を発揮するように、もしかしたらタマちゃんもレバも常猫には想像もつかない神秘の世界を見ているのかも知れません。

レバという猫

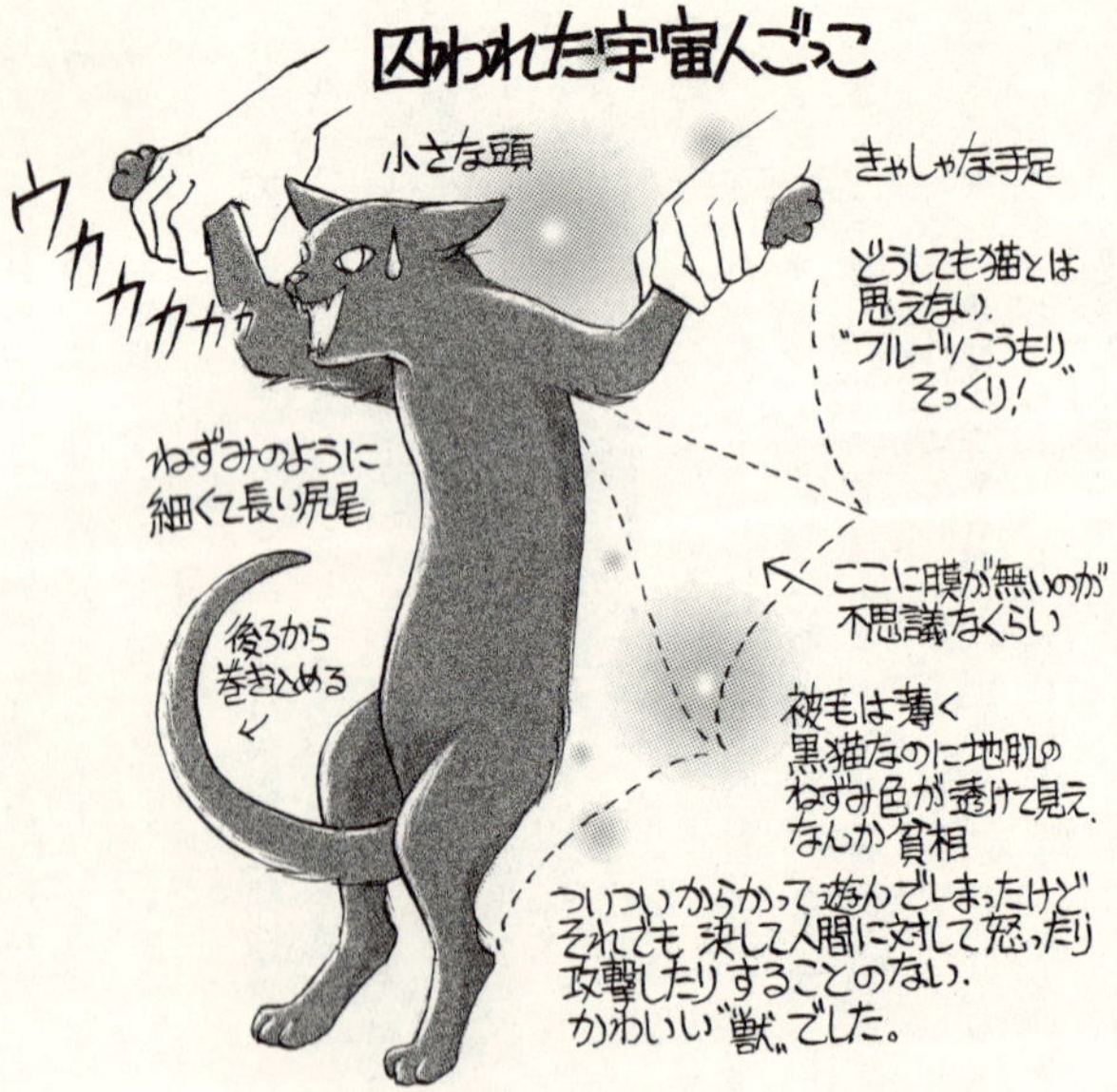

レバは今から3年前のある日、ちょっと左脚を引きずってるな……と、気付いてから、その2、3日後には同じ場所をくるくる旋回するようになりました。首は左へ傾き、眼振が始まり、あっという間に食物も水も飲み込めなくなり、首に入れたチューブから流動食を注入することでしか生命を維持できなくなりました。「D動物病院」の紹介で、東大農学部附属の家畜病院でMRIを撮ったところ、延髄に大きな腫瘍が見つかりました。ムダとは知りつつ、1週間後の放射線治療を予約したのですが、レバはそれを待たずに死んでしまいました。症状が現れてから、わずか3週間後のことでした。レバのあだ名は「脳血くん」でしたが、それが脳腫瘍で死ぬとは、なんとも皮肉な話です。

すごいぞタマちゃん！

タマちゃんは、スコティッシュとしては「難アリ」なので、ペットショップで８ヶ月も売れ残っていたのを見かねて妹が買ったのです（もちろんお値引きで）。妹の家で初めてタマちゃんに会った時、タマちゃんは洗濯したタオルが積んであるバスケットの上に上がると、静かに用を足しました。「ねえ！　おしっこしてるんじゃない!?」と私が言うと、妹は事も無げに「あら、上から５、６枚洗濯機に入れちゃって」と、彼女のダンナのHちんに指示しました。

スコティッシュなのに耳が立ってる…
ダメだ！どうしても
絵に描くとヘン
同居猫・ビーちゃん♂
4匹兄弟で「自由ヶ丘」に捨てられていたのを妹が拾ってきました。
大型でハンサムだけど噛む！

突然立ち上がり、柱をかかえるタマちゃん
Hちん撮影

同居犬・ゼリちゃん♀
チベタン・テリア
もう12才のお婆ちゃん
仕切りたがりの姐御
同居犬・オハナちゃん♀
フレンチ・ブルドッグ
生まれつき内臓が弱くて、病気がち

ナゾの肉球
後足
普通、猫の前足にはちょっと離れた所に第5指の肉球がありますよね。
でもタマちゃんは、後足のここにもあるんです。しかも爪はえてます…
プラプラしてる…

「こりゃ一大変だな……妹もエライ猫かかえ込んじゃったな……」と、半ば同情の気持ちでながめていましたが、その半年後には、うちにもシロミがやって来ましたけどね。

その⑬――うちのコに限って

我家の外猫がテンちゃん婆ちゃんただ1匹になってしまって早半年。夜陰に紛れて、エサだけ食べて逃走する雄ノラの常連は2匹いるのですが、生粋の雄ノラは決して家に居着かないので、我家の外猫アパートは、今もって「入居者募集中」です。

ほんの100メートルほど離れた中学校の裏門付近には、いつもお腹をすかせたミケ母さんと、娘2匹がいます。移住して来ないかなーと、おびき寄せてはみるのですが、ちょうど中間地点であのチンピラトリオ ミュー・ピー・チビの鉄壁の3枚ブロックに阻まれ、いまだ誰1匹として我家にまで到達した猫はいません。仕方なく毎晩エサを届けに行くのですが、途中チンピラトリオにまでお夜食をせがまれるというトホホな毎日です。

我家の2階から隣の墓地をながめていると、地廻りに余念のないトリオの姿が見えます。時折、ケンカ声が上がるので「すわヨソ者か!?」と、ベランダに飛び出て見ると、トリオ同士が鉢合わせして、うなり合っています。時にはひとつ屋根の下でのケンカで重傷を負い、「(我家もかかりつけの) D動物病院」にかつぎ込まれて入院という始末です。
「ミュー？ ああ！ あの怖くて触れないヤツ」「ピー？ あいつきったねーから、シロミには近付けるな！」（オイオイいいのか？ 医者が患者にそんなことを）……と、D院長の評価も散々です。と、まぁチンピラトリオの悪口は尽きませんが、実は飼い主同士は仲良しです。

トリオのお母さんY家のK子さんは、長身で美人の奥さんです。道で出会うなり「いつもうちのミューやピーが、スミマセン」が、挨拶代わりです。

先日も猫話でひとしきり盛り上がり、「でも本当はチビが一番の黒幕よねー」と私が言った途端、K子さんの顔色が変わりました。「ウッソー！」「だって、昨夜も2階から入って来て、ササミとケンカしたのよ！」と言うと、「誤解よ！ あの臆病者が人の家に入るなんて、ありえない！ いつも私と一緒に寝てるんだもの」。あまりの自信に絶句しました。「ありえないって！ 違う猫よ！ ピーの見間違いじゃないの？」。悪いけど、私は人の顔は間違えても猫の顔は間違いません。初めて目の当たりにしました、『うちのコに限って』。K子さんは「誤解！ 誤解！ ありえない！」を連発しながら去って行きました。私は決意しました。
「絶対証拠写真を撮ってやる！」

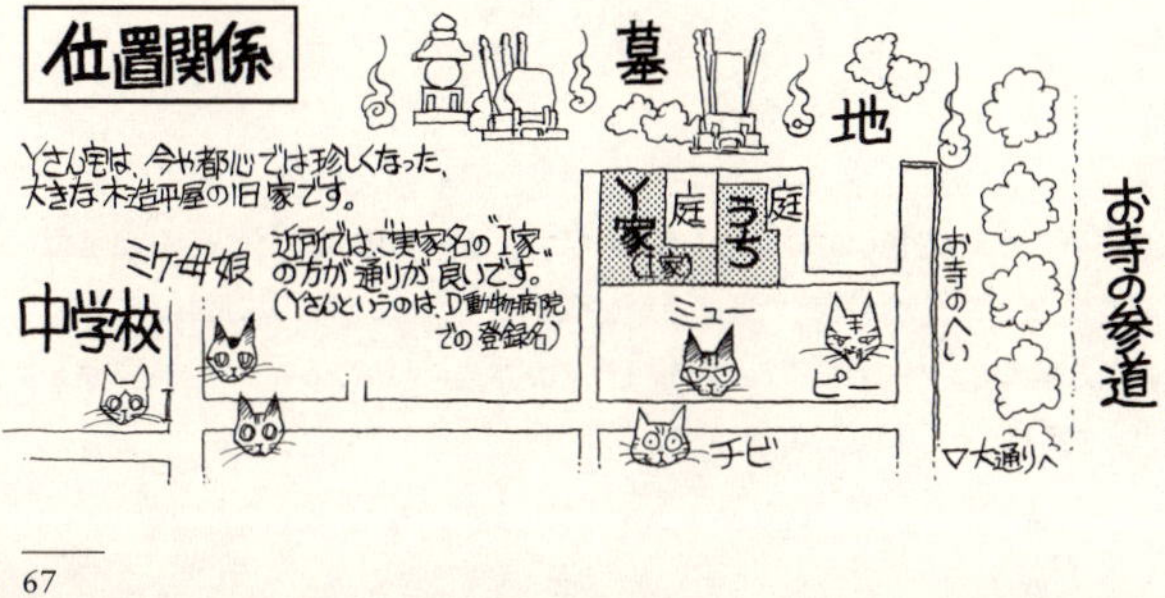

位置関係
墓地
Yさん宅は、今や都心では珍しくなった、大きな木造平屋の旧家です。
ミケ母娘
近所ではご実家名の"I家"の方が通りが良いです。(Yさんというのは、D動物病院での登録名)
中学校
Y家 (I家)
庭
うち
庭
ミュー
ピー
チビ
お寺のへい
お寺の参道
▽大通りへ

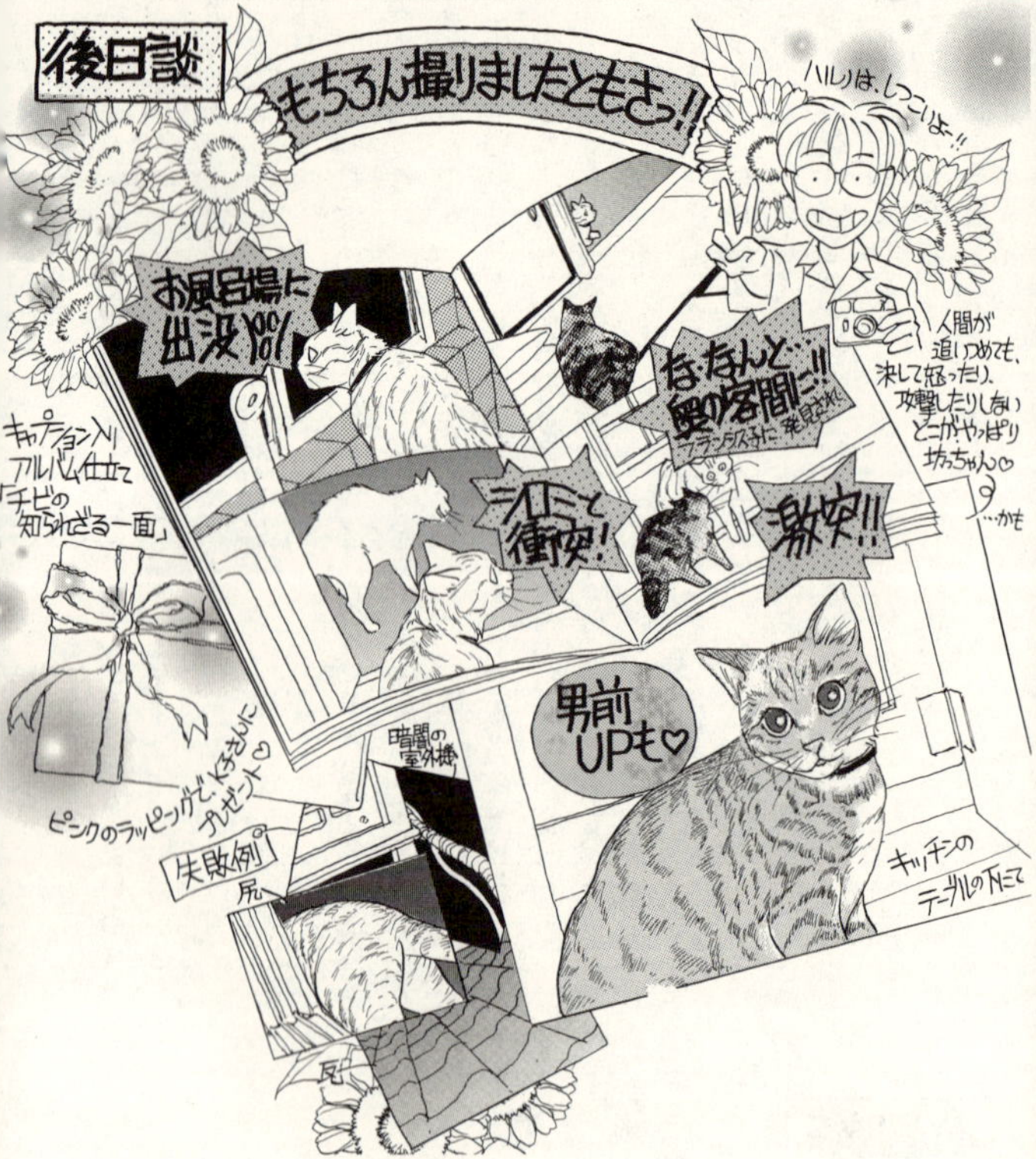

家中に使い捨てカメラを置いておき、ほぼ1ヶ月がかり、延べ70枚をチビに費やしました。それにしても、確かにチビは臆病で逃げ足が速く、失敗写真も山のように撮れました。あまりのおバカ写真の数々にDPEショップに行くのが本当に恥ずかしかったです。やっぱりデジカメを買おう！と心に決めた私です。

そしていただきました♪

Y家のK子さんから**「参りました！」**―― の、お手紙を！

「“うちのコに限って……”の親バカでした」。と、お認めになりました。家中で証拠写真を見て了然としたとのこと。アルバムは「家宝」にしてくださるそうです。ギスギスした都会の猫事情、こんな“遊び”に付き合ってくださるご近所に感謝です。

猫写真の極意？

とにかく私は猫写真がヘタ！ まず構図のセンスが無い！ というのは、自分の漫画でも承知の致命傷なのですが、せめて見慣れた猫くらいは……と、以前から思っていました。でも、今回1ヶ月チビを撮ってみて、「あれ？ この感覚は何かに似ている」と、気付きました。それは避妊手術のために、網を持って雌猫を狙っている時と同じなのです。気長に何日もかけて行動パターンを読み、ダメな時には網を置く。チャンスは必ずまたやってきます。結局最大の敗因は“せっかち”だったんですね。

その⑭——大惨事

シロミのしつこい糞詰まりは相変わらずで、週2回かかりつけの「D動物病院」で、たまった尿を抜き、糞詰まり度をチェックして、必要ならばウンコを掘るということを続けているのですが、なぜか院長はシロミのことがかわいくて大好きで「ウンコ掘ると俺のこと嫌うんだもん」と、ウンコ掘りをしぶります。ふと気付くと、すでに1週間以上シロミのウンコを見ていません。そう言えばここ2、3日食欲も無いし元気も無い。何度か嘔吐もありました。こりゃーヘタすると糞で腸閉塞か!? と、あわてて「D動物病院」へ連れて行きました。院長も「ありゃ! ホント具合悪いわ!」と、焦ってレントゲンを撮りました。

レントゲンを見ると、意外にも直腸出口付近にはウンコの姿は無くカラッポで、横行結腸から下行結腸にかけて、モヤモヤとした物体が詰まって腸が肥大しています。「うん……なんだろ?」と院長。しかし掘れるような位置でも形状でもないので、とりあえずもう1日様子を見ようと、吐き止めだけを処方されて帰ってきました。しかし翌早朝4時頃、シロミの具合はいよいよ悪くなり、腹這って冷たい玄関の石床にお腹を着け、触ると痛がってうなり声を上げます。「こりゃー危険だ！　朝イチで連れてこう」と、ベッドに転がりました。すると心細いのか、いつもは遠慮してベッドに寝ようとしないシロミが、ペトッと私に寄り添ってきました。もうもらされてもいいやと、そっと寝かせておきました。

2時間ほどウトウトして気付くと、何やら足に冷たい感触があります。おしっこやられちゃったか……と起き上がって見ると、何コレ泥!?　というような物体が、ベットリと付いています。もしやウンコでは？　と匂ってみても、ほとんど無臭でほのかに壁土のような臭いがします。「やっぱり泥か……」見ると枕にもカーテンにも付いています。床に足を下ろすと、グニャッとそれを踏みました。隣の部屋のダンボール箱の中にも山盛りの泥。「なぜ!?　誰が短時間にこんな大量の泥を？」。キツネにつままれたような気分で階下に行くと、そこにはお尻を泥まみれにして、スッキリとした顔のシロミがいました。——やはり……それはシロミから排泄された物体だったのです。ナゾの物体……シロミのお尻から出てきたからには、ウンコと言わざるをえません。

かくして院長は、定期的なウンコ掘りを余儀なくされ、シロミと院長の蜜月関係が終わりをむかえたのは言うまでもありません。

シロミのレントゲン写真

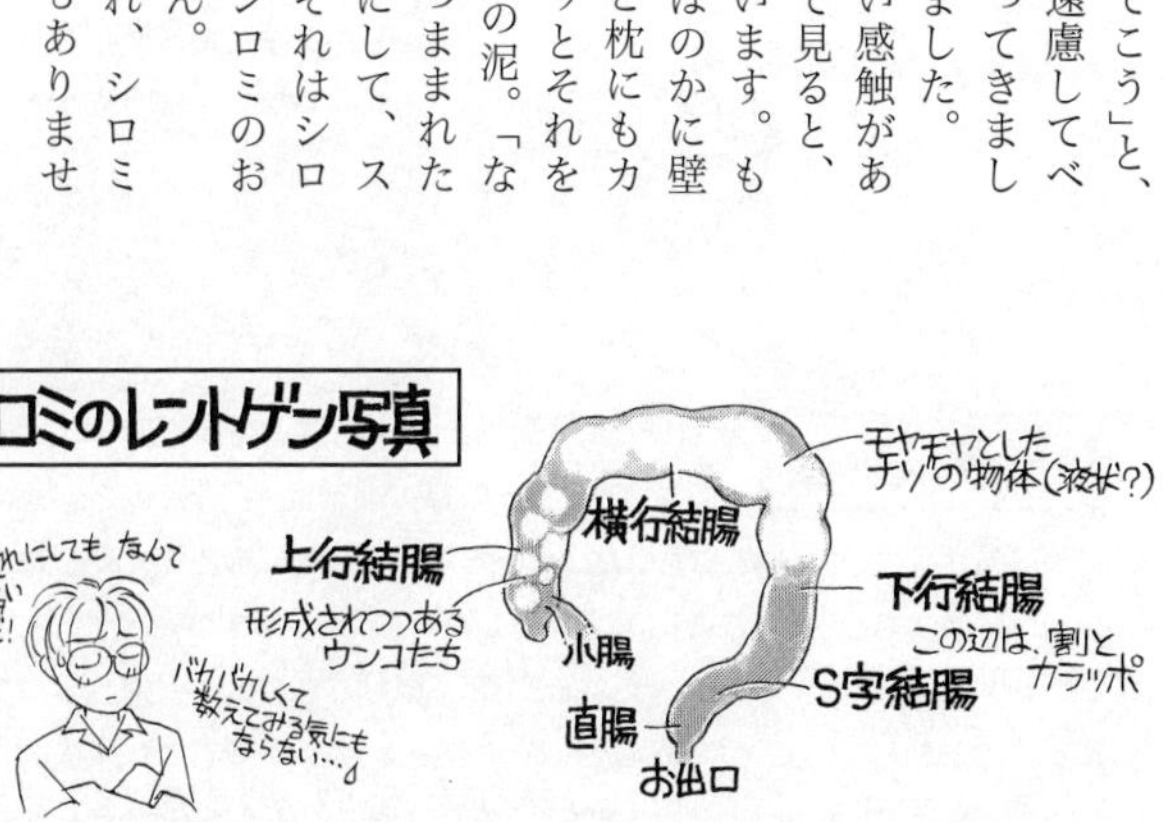
モヤモヤとしたナゾの物体（液状？）
横行結腸
上行結腸
下行結腸
形成されつつあるウンコたち
小腸
この辺は、割とカラッポ
S字結腸
直腸
お出口
ゾ…それにしても なんて「ウンコ」の多い文章なんだ！
バカバカしくて数えてみる気にもならない…♪

でもたぶんウンコ

ナゾの泥状物体

それは正に陶芸用土とか、珪藻土を水で溶いたような物体で、臭いまでそっくり!　最初は"泥"であることを信じて疑いませんでした。お尻を泥だらけにしたシロミを見て、おそらく排泄物であろうとは思いましたが、それでももしかしたらシロミがトイレの砂とかを少しずつ食べていて、それが腸にたまっていたのでは……と、考えたほど"泥"そのものでした。もちろんシロミに"異食癖"はありませんし(クモの巣食いくらいで)、仮に食べていたとしても、相当な一気食いでなければ、徐々に排泄されていってしまうので、大腸にたまることは考えられません。

いまだ残るナゾ

仮に“泥状物体”がウンコだったとしましょう。D院長が2、3日前に触った時には、直腸やS字結腸にはかなりの“ウン塊”があったそうです。しかしレントゲンを撮った時にはカラッポでした。自然に出たのだろうという院長説ですが、実は私は、それを見ていないのです。

……と、院長は言いますが、大腸の入り口付近には正常なウンコが形成されつつあり、2、3日前まで出口付近にあった“ウン塊”が消えていました(しかも出た形跡ナシ)。そして中間には泥状の物体……。シロミの大腸下部のぜん動運動は、神経障害のため著しく低下しているのです。先に送られることもなく、長時間停滞していたウンコが逆流し、泥状になったんでは……と、私は今でも思っています。

その⑮——最後の女王

9月も後半のある夜、近所に住む30年来の友人、K夫妻のMちゃんから電話がかかってきました。8月の頭に亡くなったK家の叔母さんが飼っていた猫を1ヶ月間預かることになってしまったので、ついては協力を仰ぎたいとの話でした。

以前から、叔母さんは一人暮らしで96才、猫は19才と聞いていて、南里さんの「猫の森」が頭の中をグルグルと駆け巡りましたが、何せ一面識も無い他人の家（しかも夫方）の親戚です。私としては静観しているしかありませんでした。納骨までは、常駐の家政婦さんが残っていてくれたそうなのですが、それも済み、ついに猫はたった1匹家に残されてしまったのです。

私でも尻込みする位ハイリスクな、19才の箱入り婆ちゃん猫をMちゃんが預かる……!? 私は内心ほくそ笑みました。何を隠そう実はMちゃんは、毛の生えた生き物が大の苦手（毛が生えてないのはもっとダメ！）。「もちろん１２０％ご協力いたしましょう！」と、私はK夫妻に連れられて、うきうきと叔母さんの家に向かいました。叔母さんの家は、我家のすぐご近所だ

Mちゃん
いわゆる"猫嫌い"の人とは違い、動物すべてに特に興味も無ければ、どう接して良いのかも分からないのです。なので、かえって猫に対して気を遣ったりしてるのが、笑えます!!
私における ゴルフやプロレスに当たるものか…?
あら〜 キレイな 猫ちゃん〜
ジツのない お世辞
ニャッ
人間には だれにでも あいそのいい シロミ

とは聞いていたのですが、驚きました。そこは以前から新聞などで覚えのある、日本オペラ界の草分け的存在の、声楽家一家のお宅だったのです。壁にはクラシック音痴の私ですら顔を知っている世界的指揮者などと、この家で撮られたたくさんの写真が西欧風にコラージュして飾られていました。

猫の名前は「ミッキー」。堂々たる大柄のミケ猫でした。「やったー！K家で飼っちゃえ〜！」という安易な考えは吹っ飛びました。彼女は軽々に、あっちこっち動かせる猫ではないことが分かりました。正式に親族の方に引き取られる日まで、この家で面倒を見ていこうということになりました。

90年代にこの家のご主人が亡くなり、その数年後には娘さんが60才を前に亡くなっています。そしてついに叔母さんが……。ミッキーは19年の生涯で、家族3人すべての最期をこの家で見送ってきたのです。

ミッキーは私たちにちょっと挨拶をすると、優雅な仕草でまた自分のベッドに戻って行きました。その姿は、滅びた王国を守る最後の女王様のようにも見えました。

彼女は、ちっとも寂しくなんかありません。目を閉じれば、いつでもまた優しかった家族の声やピアノの音、来客たちのざわめきの中に帰っていけるのです。

その後のミッキー

結局私も合いカギを預かり、毎日様子を見に行くことになりました。K夫妻も、ウォーキングがてら毎晩寄っていくし、基本的なトイレ交換とエサは、日に2回ヘルパーさんが来てやってくれるので、私は“心のケア”担当といったところでしょうか。

どうしても30分ずつしか時間が取れないので、毎日夜7時頃と早朝5時頃の2回通いました。夜が白々と明ける頃、家族3人の御遺影が並ぶガランとした家で、ただ1匹過ごすミッキーを見ていると、やはり切なくて涙が出ました。

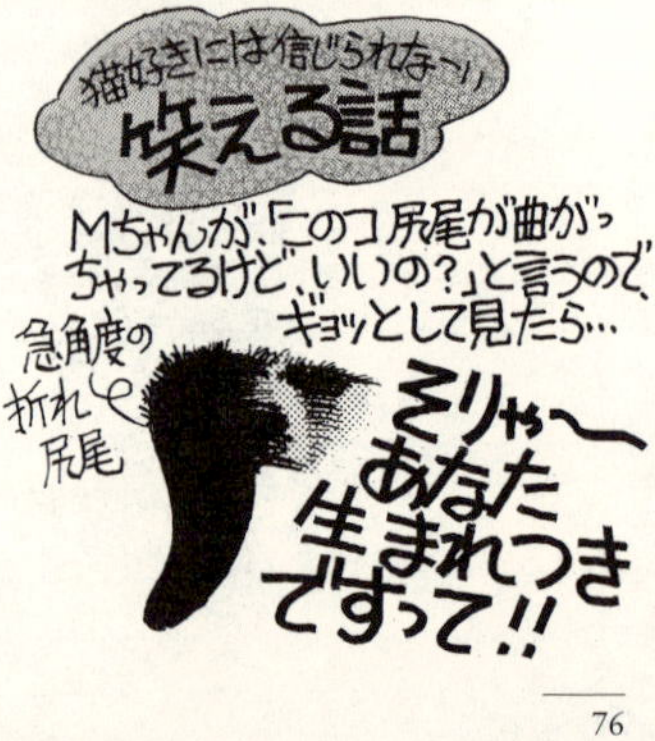

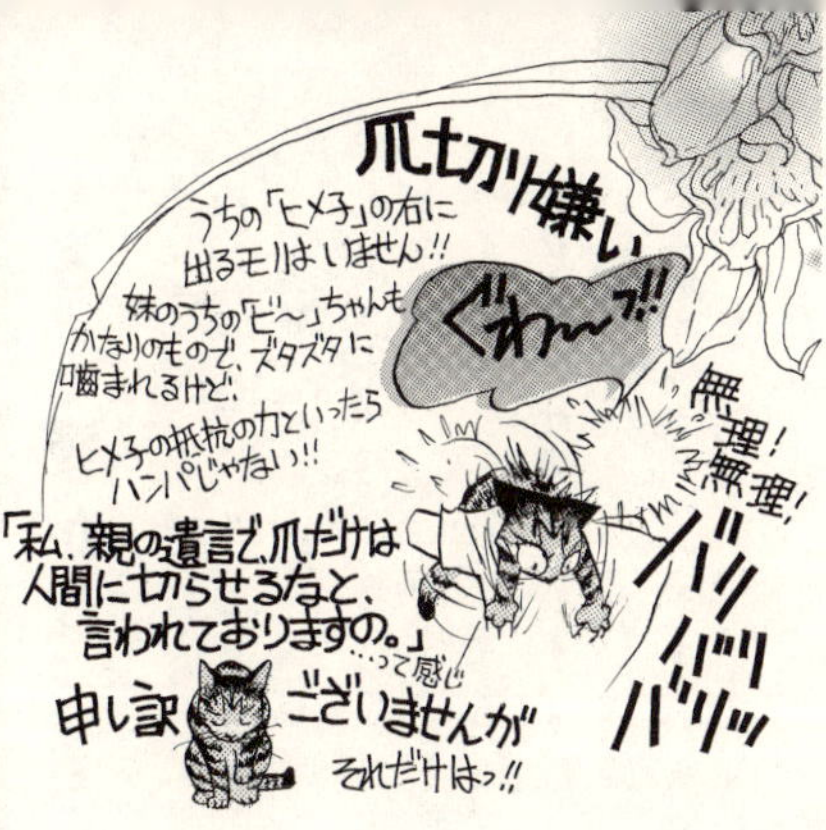

初めてミッキーに会った日、「この猫、時々ヨロッとするんだよ。心臓にきてるのかなー」と、Kダンナが言いました。確かに時々よろけます。しかし「カッチ、カッチ」という音を立てて歩くので、もしや！ と思い前足の裏を見たら、なんと親指の爪が伸びすぎて折れ曲がり、肉球につき刺さっていたのです。もしかすると、年単位で切られていなかったのかも知れません。これは高齢の方の室内飼い猫全般にありうることでしょう。ご自分で切るのが無理だったら、動物病院で切ってもらうのが良いと思います。

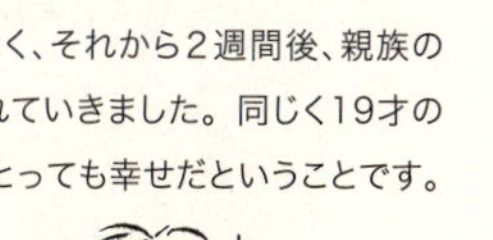

そしてミッキーは…

1ヶ月も待つことなく、それから2週間後、親族のご家庭に引き取られていきました。同じく19才の先住猫もいる家で、今ではすっかり落ち着いて、とっても幸せだということです。

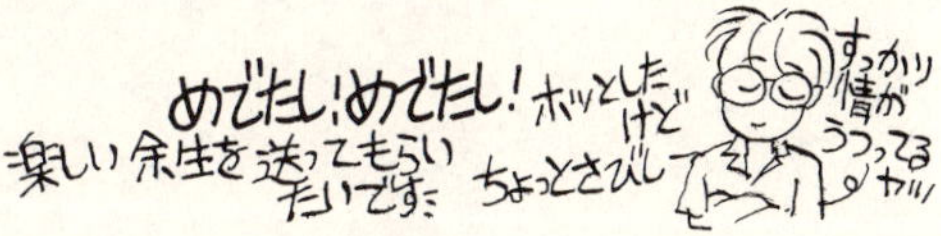

その⑯——愛がなくちゃね

人にも猫にも優しかった、外猫の「ウリ」が死んで丸1年になります。

夏の始め、ウリやうちの猫たちと一緒に外でビールでも飲もうと、ラタンのスツールを買いました。寒くなるとそのスツールの上は、ウリの寝場所になりました。今はその上に、大きな「風知草」の鉢が置いてあります。サワサワという手触りとはかなさが、ウリによく似ています。冬枯れた風知草は、確かにまた来る春を待っています。

さて、残されたただ1匹の外猫「テンちゃん」。剣呑な婆ちゃん白猫で、1・5メートル以内に近付けば逃げる。声をかければ「シャー」が返事。唯一心を許していたウリを失って、ダメージを受けなければいいな……と思っていたのですが、案外元気です。食欲旺盛で、マイペースに生きています。

我家は気候の良い時期には、猫の出入りと風通しのために、玄関の扉を少し開けておきます。ある日「ニャー」と、鈴をころがすようなかわいい声がするので玄関を見ると、上がりがまちに白い猫。「なんだシロミか——ん?……えっ⁉」。なんと! そこに座っていたのは、テンちゃんだったのです。目が合うと、テンち

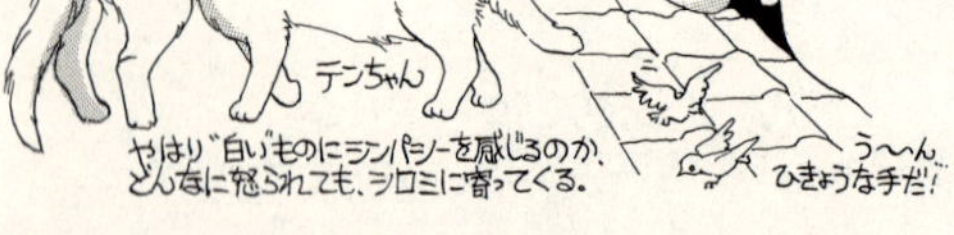

やんはスルッと外に逃げて行きました。

驚きました。まさかテンちゃんが、家に上がってくるなんて……いえ、それよりも何よりも、十数年間付き合っていて、私はテンちゃんの鳴き声を初めて聞いたのです。「シャー」しか言わないテンちゃんを私は、鳴けない猫だと思い込んでいました。考えてみれば、〝チンピラトリオ〟に脅された時には、「ギャ〜！」と、叫んでいたので、声の出ない猫というわけではなかったのです。

それからというものテンちゃんは、よく鳴いて要求するようになりました。

目からウロコの思いでした。これまでの30年、常に数匹の外猫、エサだけ食べに来る放浪猫、たくさんの猫たちの相手をする中で、懐かない、シャーしか言わないテンちゃんを私は〝こういう猫だ〟と決めつけて、無意識の内におざなりに接していたのです。それが、ウリを失って私も寂しいものだから、よくテンちゃんに声をかけたり、目をかけたりするようになったので、テンちゃんは変わってきたのです。

まだまだ猫のことを何も分かってないなあ……と、反省しました。何よりも、愛を注げば必ず動物は応えてくれる。そんな簡単なことを頭では分かっていたけれど、本当に思い知らされた出来事でした。

シロミの猫嫌い

シロミは、自分と人間以外はすべてキライ！　猫で唯一心を許して甘えるのはクロコさんだけ。テンちゃんも、1匹になって“触れ合い”が恋しいのか、せっかくシロミにすり寄ってきてくれるのに、「シャ〜」とやります。シロミを保護したのは、生後3ヶ月くらい。それ以前にいったいどんな扱いを受けたら、これほどまでの“お嬢様キャラ”になるのやら…

猫のこと分かってないなあ PART.2

膀胱洗浄後の水には、
たくさんの細かい白い結晶が
砂のように
沈殿しているのが
肉眼でも
見えます
元気のしるしは
イジメ!
パシパシパシ
ヒャ!
ヒャ〜〜!!
ヒャ
ヒメ子

昨年末、またシロミの原因不明の血尿が始まりました。まず強アルカリ尿になり、ストルバイト結石がたくさんできて、それが膀胱の粘膜を傷つけて出血。さらにシロミの膀胱は自浄機能が無いので、そこに細菌が感染すると粘膜が死んではがれて、膿の尿が出るまでになります。そうなるともう、毎日動物病院に通って、抗生物質を加えた生理食塩水で、膀胱洗浄するしかありません。

数日の入院も含め、３週間ほどでやっと症状が落ち着いて元気も取り戻し、ヤレヤレと安心していたある日のことです。お昼頃、いきなり嘔吐が始まり、おしっこの色もヘンなので臭ってみると強アルカリ尿になっていました。ちょうどその日の夕方には「D動物病院」に行く予定だったので、様子を見ていると見る間に血尿になっていきます。正に“劇症”です。その日私は朝の６時頃就寝しました。その時までシロミはピンピンしていました。それが数時間後に起きてきたら、もうこの症状です。何か原因があるはず、何かこの数時間で、いつもと違うことをやったとか、食べたとか……。

このアルカリ尿がすごい!!
アンモニアそのもの、あのキンローンの臭い
ツ〜ン

別にエコロジストでもないし…
実にそのへんテキトー
ちゃんと動物用の天然成分シャンプーで洗う時もあれば、
人間用ボディーソープを使ったり…
"弱酸性"がウリだし…
でもコレは、シャンプーよりも洗い流しやすいので、トラブルなし

具合ワル〜…
膀胱の粘膜が荒れると、モレもひどくなるので、洗濯機フル稼動!
みょ〜な音してます
いつ壊れるか…
うきょ〜ん
ぐかかかか
ひょよよよよょ

「ハタ!」と思いあたりました。シャンプーです。私が寝る前、お風呂に入ったついでに、「明日は病院だから、ちょっとお尻をキレイにしておこうか」と、シロミのお尻を、それも手元にあった人間用シャンプーで洗い、シャワーでざっと流しただけで、後は濡れたお尻をシロミになめさせたまま寝てしまったのです。

"情況証拠"ですが、まずこれが原因でしょう。特別に泌尿器系のもろいシロミだけの症状であって、他の健常な猫なら、人間用シャンプーでも問題は無いのかも知れません。しかし、完全に私の油断が原因のずさんなミスで、何度もシロミを命の危険にさらしてしまったのです。

「得意分野なのに、慢心してたがために失敗!!」

——って、何て言うんだっけ?

ララ〜ここまで出てるのに、

「弘法にも筆の誤り」とか「上手の手から水がもれる」じゃ"慢心度"低いし…

猿も木から〜?

身から出たサビ?

——と、メールで妹に聞いたら、

「河童の川流れ」「平家を滅ぼすは平家」「得手に鼻突く」…という答えが返ってきました。

さすが作家!

——っちゅーか、ふだん使わんやろ!! それ

シロミ、ゴメンネ〜
大いに反省しております!!
これまでの血尿も、たぶんすべてわしのせいぢゃ〜

その⑰——想定外の入居者

我家の外猫が「テンちゃん」ただ1匹になって1年余。軒下の〝猫箱〟も最盛期には5箱、それも1箱に2匹詰まっていることもあったのに、現在では2箱を残すのみです。

1箱だけにしようかな……とは思ったけれど、いつか美人のミケでも入ってくれることを期待して〝空き部屋〟を残し、暖房のスイッチも入れたままにしてあります。

これまでの〝入居者〟たちは、ほとんどが我家をメインのエサ場とし、隣のお寺の墓地を中心に生まれ育った、言わば〝地元っ子〟です。その外から流れて来た猫は、たいがいが仔猫を引き連れた母猫で、「ここにいれば安定してエサが貰えるんだからね！」と、仔猫たちに教え込むと、乳離れする頃仔猫だけを残して自分は出て行く。そして仔猫はうちの庭に住み着く、といったパターンでした。

たまに流れ者の雄が入って来ることもありますが、彼等は複数のエサ場の間を放浪しています。人には馴れずエサだけが目的で、食べ終えればすぐに去ってしまうし、やはり雄同士の葛藤が激しいので、数日か長くても1ヶ月ほどで完全に姿を消してしまう猫がほとんどです。

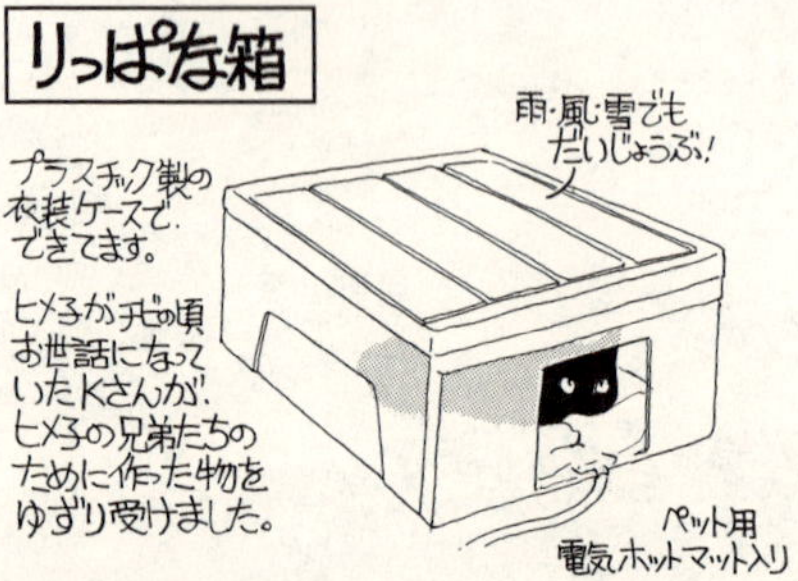
りっぱな箱
雨・風・雪でもだいじょうぶ！
プラスチック製の衣装ケースでできてます。
ヒメ子がチビの頃お世話になっていたKさんが、ヒメ子の兄弟たちのために作った物をゆずり受けました。
ペット用電気ホットマット入り

昨年末の寒い夜のことです。玄関先にエサを置きに出ると、いつもテンちゃんがいる箱の中に、黒いモノが入っているのに気付きました。2つの光る目だけが見えます。見覚えのある猫でした。昨年夏の初め頃から、深夜にエサを食べに来る黒猫です。たいへん臆病で、ほぼ毎日来ているらしいのですが、姿を見かけるのはまれでした。何せ暗闇の黒猫なので、墓場や植え込みに身を潜めていたら、まったく分かりません。「テンちゃんは？」と見ると、もう一方の〝りっぱな箱〟の中で、平気で眠っているので安心しました。「こりゃおもしろい！」と、黒猫を刺激しないよう、その夜は無視して家に入りました。

行動パターンから、黒猫はまず雄だと思われます。寒かったので、たまたま箱に入ってみたら、暖かくて出そびれたのでしょう。〝一宿一飯〟ってとこで、朝には出て行くだろう――と……翌日見ると黒猫は、まだしっかりとそこにいました。

それからというもの、〝Y家チンピラトリオ〟に見つかって脅されても、一瞬姿を消すだけですぐ戻る。エサを食べたら箱に直行。用を足すのも箱から1メートル先。最近ではムチムチ太って、テンちゃんの〝りっぱな箱〟の方を乗っ取る始末です。待望の入居者です。

「でも……何か違う〜！」

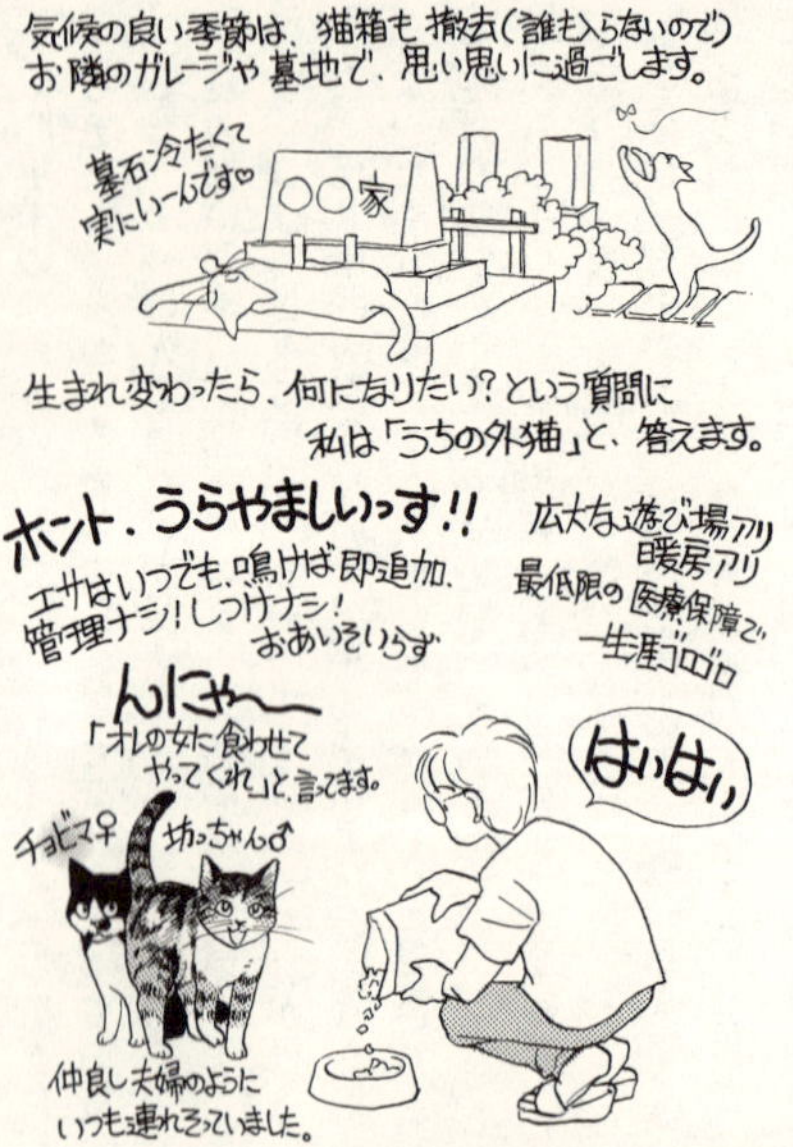
気候の良い季節は、猫箱も撤去（誰も入らないので）
お隣のガレージや墓地で、思い思いに過ごします。
墓石冷たくて
実にいーんです♡
○○家
生まれ変わったら、何になりたい？という質問に
私は「うちの外猫」と、答えます。
ホント、うらやましいっす!!
エサはいつでも、鳴けば即追加、
管理ナシ！しつけナシ！
おあいそいらず
広大な遊び場アリ
暖房アリ
最低限の医療保障で
一生涯ゴロゴロ
んにゃ〜
「オレの女に食わせて
やってくれ」と、言ってます。
チョビマ♀
坊っちゃん♂
はいはい
仲良し夫婦のように
いつも連れそっていました。
ストレスが無いので、避妊後の♀たちは皆長生き。
外飼いでは異例の、15才超えも数匹！

外猫・軒猫

うちの父は、外猫のことを「軒猫」と呼びます。いつでも親の姿が確認できるよう、軒先から離れずに遊ぶ幼年時代の一時期を父は、「軒遊びの時代」と名付けているところに由来しているのでしょう。子供の心の成長のためには、とっても大切で幸せな一時期です。それをうちの軒猫どもは、一生涯続けていられるんだから、お気楽極楽というものです。

外猫

私はびみょーに外猫・軒猫を区別して考えています。箱にも入るけど、1週間以上外遊することもあります。うちの他にもエサ場を持っている可能性大。外猫が病気やケガをした場合には、動物病院で「ノラ用」として処方された抗生物質や炎症止めを飲ませるのに留め、後は手出し無用。猫の生命力に任せます。そして外猫は最期、必ず自ら姿を消します。

新入居者の
「クロイヤツ（仮）」は、
怖いことがあると、
庭の給水タンクの下に、
スルスルッと逃げ込んで
いたのですが、
最近では太り過ぎて
ジタバタしながら
潜って行きます…♪

軒猫　我家以外にはエサ場を持たないので、出歩いてもせいぜい丸1日。なので、全員で家を空ける時には近所の方にエサやりをお願いして行きます。病気やケガの場合、症状や状況によっては動物病院に診せることもあります。そして最期はほとんどが目の届く所で死んでいます。

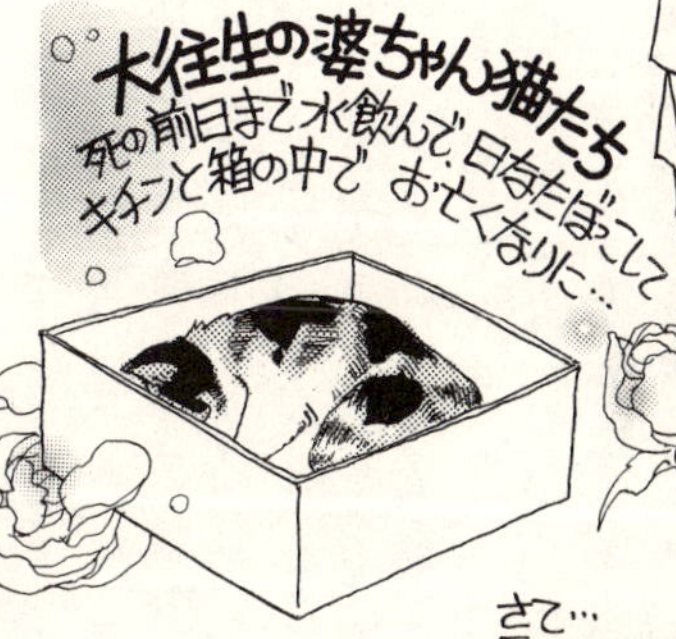

差別のようにも見えますが、それぞれの猫の個性や生き方を尊重しての扱いの差です。外猫と付き合う時には、どこでこの“線引き”をするかを常に考えておくべきだと思います。病気の外猫を際限無く動物病院に運び込み、治療費できゅうきゅう言っている人や、すべての猫をかかえ込み、家中に十数匹なんてことになってげっそりの人を見かけますが、これでは人間にとっても猫にとっても不幸というものでしょう。

その⑱——身代わり

我家の最長老「クロコ（推定18才♀）」が急死しました。

3月半ばの夜中1時頃、何の前ぶれも無く突然嘔吐して倒れたのです。懸命に立ち上がろうとしてももがくばかりで、よく見ると体の右側に力が入りません。右足の肉球をつねっても反応が鈍く、瞳孔が開いて眼振も見られます。多分〝脳〟だと思い、暴れないよう箱をかぶせて暗くし、かかりつけの「D動物病院」に「出て来たらすぐ連絡をくれ」とのFAXを入れて朝を待ちました。

朝8時頃院長から電話があり、すぐに連れて行きました。おそらくは脳内出血。今やるべきことは、まず安静を保つために鎮静剤で意識レベルを落とし、電解質バランスをチェックしながら、脳の腫れを抑える薬を投与する。ここ2、3日が山だということでした。

最近のクロコは、腎機能低下をかかえているものの、週3回の輸液に通い、腎不全が原因の貧血も、造血ホルモン剤によって赤血球数がほぼ正常値に達するまでに回復し、まだまだ行けるぞ！と、院長も私も喜んでいた矢先のことでした。手術とかは可能なのか？と尋ねると、動物の場合人間よりも自然に出血を吸収してしまうケ

シロミ・荒れる!
とりあえず近づくヤツには総パンチ!
(それは前からか…)

ースが多いということなので、クロコの生命力に賭けることにしました。

しかしクロコは、それから三十数時間後に亡くなってしまったのです。携帯でその知らせを受けた時、私は父の付きそいで、病院の中にいました。驚きよりも悲しみよりも、まず第一に「やられた！」と感じました。

うちの父親は、長年にわたって糖尿病をかかえています。1週間ほど前に見つけた足の親指にできた、ほんの小さな傷が、見る間に悪化して壊疽になりかかっていたのです。その日は〝糖尿足〟のスペシャリストの先生に診てもらうため、病院にいたところでした。糖尿性の壊疽で足を失う人の話はよく耳にします。もう少し若ければ、足1本失ったって元気に暮らせると思います。しかし83才のこの歳で足を切ることになったら、おそらく〝ドミノ倒し〟的に、全身のあちこちや精神面に大きな負担が生じ、命取りとなることでしょう。実はコレ大ピンチだと、内心思っていました。

クロコの死と、関連づけて考えてはいけないのでしょう。ただ単に家がバタついている時には、最も弱い者にシワ寄せが来るというだけなのかも知れません。でも飼い主ならきっと感じるはず。これはちょっと違う！　腑に落ちない死だということが。

クロコを失って猫それぞれの反応

唯一シロミのことをなめてくれたのは、クロコだけでした。シロミもクロコには、自分から甘えてすり寄っていきました。猫同士の触れ合いをまったく失ってしまい、シロミはすさんでいます。その分人間に対しては、よりいっそう甘えん坊になったような。

父の"前科"

父の"身代わり"と、思わざるをえない動物の死は、実は、これが初めてではありません。'96年に父が西伊豆で溺れて意識不明になった夏には、父に特に懐いていた「サンキチ」と、妹の家のワイヤーヘアード・フォックステリアの「バリ子」が死にました。特にバリ子は、原因不明の消化器疾患で、父の回復に反比例するように衰弱していき、わずか数日で急死してしまったのです。数年前、父が大腸ガンの手術をした時には、入院中に「レバ」「タン」が、その2ヶ月後には妹のゴールデン・レトリバーの「ラブ子」が死んでいます。全員が、ガンでした。

フランシス子　お父さん以外目に入らない♡

ほとんど丸1日
父の書斎で
暮らしているので、
どうやらクロコが
いないことに
気付いてないらしい
…！

どうしても“人”として見てしまうので、
いつも“さん”付け

クロコさん

あらゆる意味で賢い、名猫中の名猫でした。晩年こそ“わが道を行く婆ちゃん”的自己主張も見られるようになりましたが、控え目でいつも家のあちこちに静かにあたり前にいる、空気のような存在でした。なので、頭ではクロコさんの死を理解しているのに、それに心がついてこないのです。気持ちは、今も家のどこかにいるつもりのままです。劇的大泣きも、喪失感の大きな苦しみも来ないまま、少しずつクロコさんの影は薄くなっていきます。これはたくさんの猫を亡くしてきた私にとっても初めてのケースです。少しでも悲しみが軽くなるようにという、クロコさんの配慮のようにも思えます。どこまでも“親孝行”な猫でした。

よく自分の体ほどの大きさの
ぬいぐるみを運んできてくれました。
それは倒れる直前まで続きました。

サザミ　ひたすらマイペース

え？ クロコさん？ そういえば最近見ないわね。
お姉ちゃんの枕独占できてラッキー！

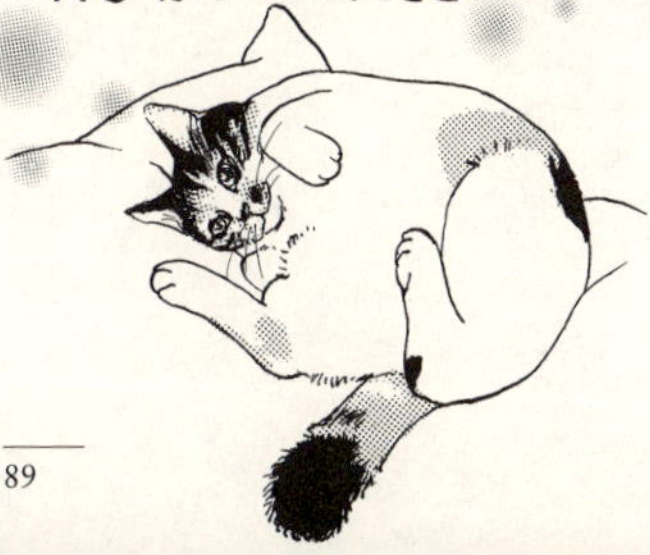

サザミは元々本ノラでしたが、
避妊手術後の養生中
あまりのかわいさに取り込んでしまった
という、我家で唯一健康体で、
望まれてうちに来たコです。

その世いなのか？ クロコは生涯
サザミだけはライバル視し、
1度もなめてやることは
ありませんでした。

その⑲――北斎かっ

漫画家で江戸文化研究家の、故・杉浦日向子さんの代表作に『百日紅』があります。

葛飾北斎とその娘、お栄を中心とした、人間模様を描いた短編集です。その中のひとつ「龍」という話ですが、北斎は依頼されて1畳ほどもある龍の大作を描いています。正に最後の名入れをしていた時、側で見ていた娘お栄が、うっかり画の上に煙管の火を落としてしまいます。北斎は龍の画に一筆線を引くと、弟子たちと遊びに行ってしまいます。常にポーカーフェイスのお栄ですが、責任を感じ自ら龍を描こうとします。龍は特別な生き物なので、小手先で描くことはできません。お栄はただ紙を前にして待ち続け、ついには天から降りてきた龍を紙の上に捕まえて、1晩で見事な龍を描き上げます。

描き終えた時点で作品には執着のない北斎と、それを集中力をもって取り戻したお栄と、表現者の究極の姿を描いた名作です。

さて……それを彷彿させるような、恐ろしい出来事がありました。

シロミはよく父の机の上で寝ています。紙や本が雑然と積まれ

「いいなあ〜…おまえ〜！」と、糸井重里さんにマジで、
うらやましがられていました。

た机は、猫にとっては天国です。シロミはもらすので、使い古しの封筒などを敷き詰めてガードしています。

ある日ふと積まれた封筒や本などをどけてみると、そこには父の原稿がっ！　そして原稿には、何ヶ月にもわたって染み込んだであろうシロミのおしっこが……。水溶性のペンで書かれているのでインクは溶け、さらに下の原稿にまで写り込んで、ほとんど判読できません。その数、二十数枚。はがそうとすればちぎれます。もちろんこれで、シロミを責めたりする父ではないことは分かっています。しかし糖尿性の網膜症で、ほとんど視力の無い父が、どれほど苦心して1枚を書いているのか知っています。発表済みの原稿も、また自身の仕事として書きためていた未発表の物も混じっているようです。私はお栄のように、これらを書き直すことなどできません。たいがいのことには動じない私も、手が震え脂汗が出ました。恐る恐る父にこの〝惨事〟を告げ、どんな種類の原稿なのかと尋ねると、「ワハハ、いいよいいよ！　俺もよく分かんねんだよ」。「北斎かっ！」。一度天空から紙の上に書き下ろしたら、父には一切の執着は無いのです。

かくしてシロミは、今日も父の机の上で寝ています。ただし父には、原稿は書いたら何でもすべて、買ってきた小引き出しに入れてもらうことにしましたけどね。

とりあえず干してみました　父の書斎に、洗濯物のように…

家中にシロミのおしっこの臭いが充満し、閉口しました。数日間干したものの、紙はじっとりとしたままです。それでもインクが溶けて写った部分との区別がはっきりしてきたので、もしかして書画修復のプロとかだったら、解読できるかも……。

シロミの近況　実はまた、血尿をやってしまいました。

急に猫の食欲が無くなり、白い泡や黄色い水を吐くという症状は、たいがいの飼い主の方が経験していると思います。これは何らかの中毒で、急性胃炎を起こしている可能性大です。健常な猫なら2、3日で自然に治ってしまうケースがほとんどですが、シロミの場合は、そこから必ず泌尿器系にいってしまうのでやっかいです。

さらに膀胱の自浄能力の無いシロミは、細菌感染を起こしてしまいます。毎日のように病院に膀胱洗浄に通い、完全に落ち着くまでに丸1ヶ月かかりました。洗剤、漂白剤、殺虫剤、消毒液など、現代生活は猫にとって危険だらけです。とうてい防ぎきれるものではありません。

虫には目が無いシロミ
やはり何と言っても
塩素系漂白剤は、キケン
塩素?→塩酸?→酸性?
と、思われがちですが、
次亜塩素酸ナトリウム
という、強アルカリです。
シロミの尿にとっては、
最悪です!
ゴキブリなんぞ見つけようものなら、
シロミは すぐに流し台に
跳び乗るので、
シンクのふちに たらした
洗剤や漂白剤を踏んで、
なめたりする可能性も…

前回は、人間用シャンプーが
"容疑者"だったけど…
甥っ子の
洗い物にも
ギワクが…。
今回は、植木屋さんが
庭にまいた 消毒薬が、
アヤシイ
見て見て見てー!!
きれいになったよー!!
ボタ
ボタ
ボタ
液体洗剤1/3本
使っちまうヤツ
家中がヌルヌルぢゃ〜ん?
それにしても、シロミは
ちと 薬剤過敏気味だにゃ〜

その⑳——猫の耳

我家の万能助っ人ガンちゃんが、驚いた様子で買い物から戻ってきました。いつも行くスーパーの駐輪場に自転車を止めたら、3、4匹の若猫がわらわらと出て来て囲まれたと言うのです。「今まで一度もこんなこと無かったのに！」と、不思議がっています。

ハタと気付きました。実はその日のお昼頃、買い物の途中私の自転車がパンクしたので、自転車屋に置いてきたのです。自転車屋はうちとそのスーパーの中間にあるので、ガンちゃんには途中で私の自転車を引き取り、それに乗ってスーパーへ行くよう頼みました。20年間しぶとく乗り続けている私のボロ自転車は、走るとチャカチャカと妙な音を立てます。いつもはママチャリで買い物のガンちゃんが、私のボロ自転車で行ったので、猫たちはその音で、ガンちゃんを私が来たものと間違えたという訳です。私はよくスーパーで買ったカラアゲやナマリを投げてやるので、猫たちは期待して出て来たのでしょう。

「へえーっ！　猫ってそんな頭いいんだ！」と、ガンちゃんはしきりに感心していました。正にそうなのです。猫は耳の機能自体がいいというのはもちろんですが、それよりも、耳から得た情報

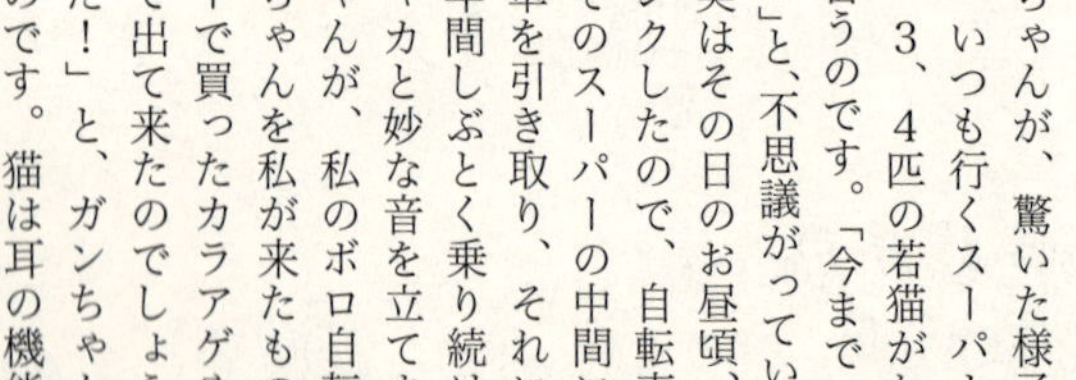
慣れて触れるようになった猫は、
ゴツゴツと、避妊します。
知り合いの猫おばさまから
呼ばれて馳せ参じることも
ホイッ
ホイッ
深夜に巨大な
網を持ち歩く
あやしいヤツ
職務質問に
引っかかります
あたりまえだ…。

を他の事象と結びつける〝耳脳〟が、群を抜いて優れていると思われます。それに比べ〝鼻脳〟は、さほどでもないな、という印象を受けます。

私は外出から帰った猫の臭いを嗅ぐだけで、「あ！　車の下にいた」「イネ科の雑草だから、あの空き地だ」「この苔の臭いはIさんちの塀」などというように、猫が居た場所が分かります。では、ものすごい嗅覚の持ち主なのかというと、実は慢性のアレルギー性鼻炎で（しかもなんと猫アレルギー！）、常に片方が詰まっているという、みじめな鼻なのです。それでも機能の劣る鼻から収集した、わずかな臭い情報を解析し、それを他の情報と結びつける、つまり猫とは逆で、〝鼻脳〟の方が発達しているのだと考えられます。

聴覚については、ほとんど意識しない程度のフツーでしたが、長年猫といる内に、同じ「カサッ」が、落ち葉を猫が踏んだ音、家の中で本をめくる音、木の枝で鳥が動く音、などと、聞き分けられるまでになりました。

野生の小動物たちが、身を守るために身につけた、ほとんど〝直感〟に近い脳の発達。

これからの時代、あらゆる自然災害・犯罪などからの危険回避のためにも、磨いておくと結構役に立つ能力なのかも知れません。

いつも行くスーパー

うちから自転車で5分ほど。都心では珍しい、広大な敷地に建つ商業・企業・住宅複合施設です。たくさんの猫たちがいます。"猫おばさん"も、たくさんいます(私もその1人か!?)。

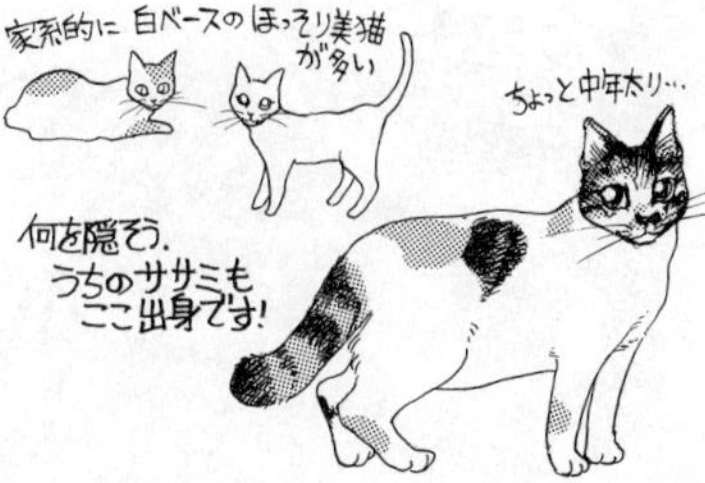

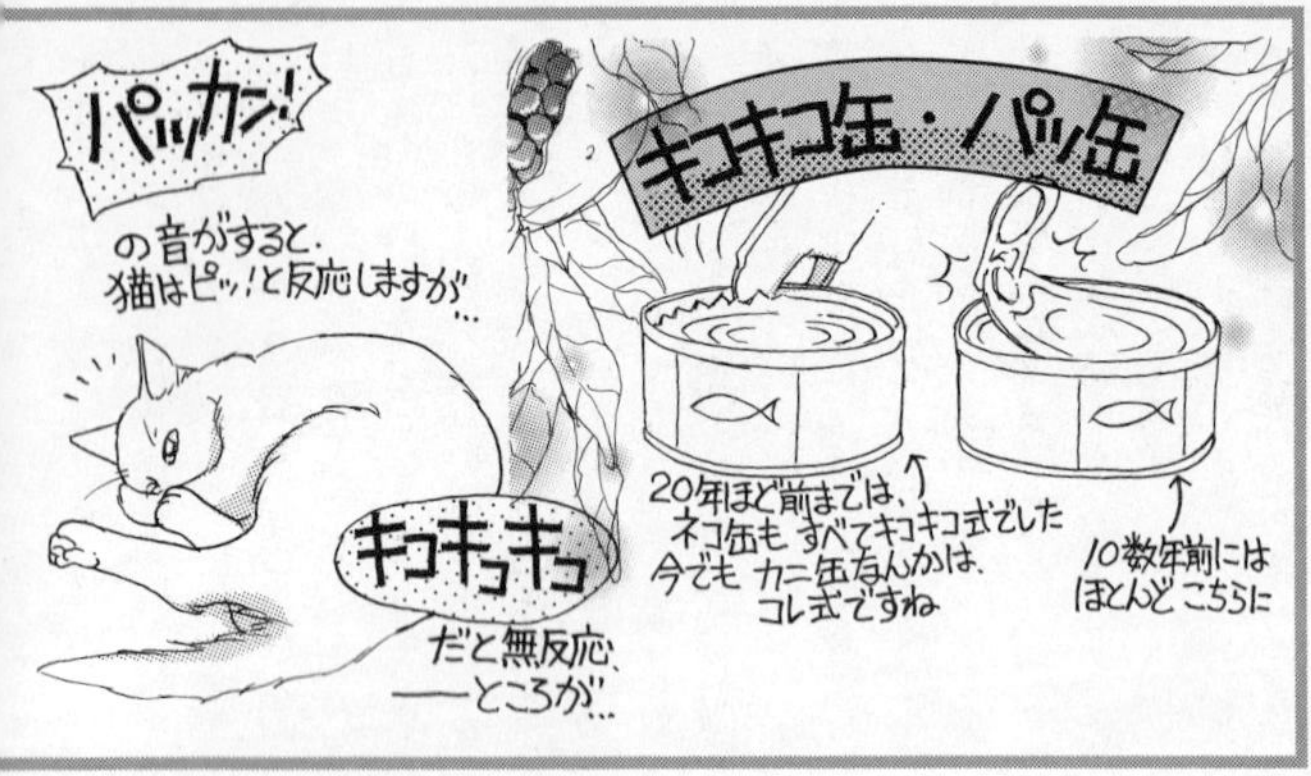

フランシス子は“鼻脳”猫？

フランシス子は生後1ヶ月頃、カラスにズタズタにされていたところを保護。三十数針縫うという大手術の後、1年間ほど妹の家で2頭の犬と共に暮らしていました。その影響なのか(?)他の猫よりも、はるかに鼻が利くように思います。犬ほどではないにしろ、猫も嗅覚は優れている訳ですから、それを意識的に使うことによって、“鼻脳”が発達してきたのかも知れません。

私が猫と暮らす内に
“耳”が良くなったように：

実は"耳脳"もスゴイ!?

白血病キャリアのフランシス子・ヒメ子には、発症を抑えるために、1日1回インターフェロンを飲ませるのですが、なるべく粘膜に接触させる方が効果が大きいということなので、豆粒大のバターに練り込んでムリムリなめさせています。専用の小皿で練っておき、チャンスを狙うのですが、どんなに静かに小皿を置いても逃げて行きます。

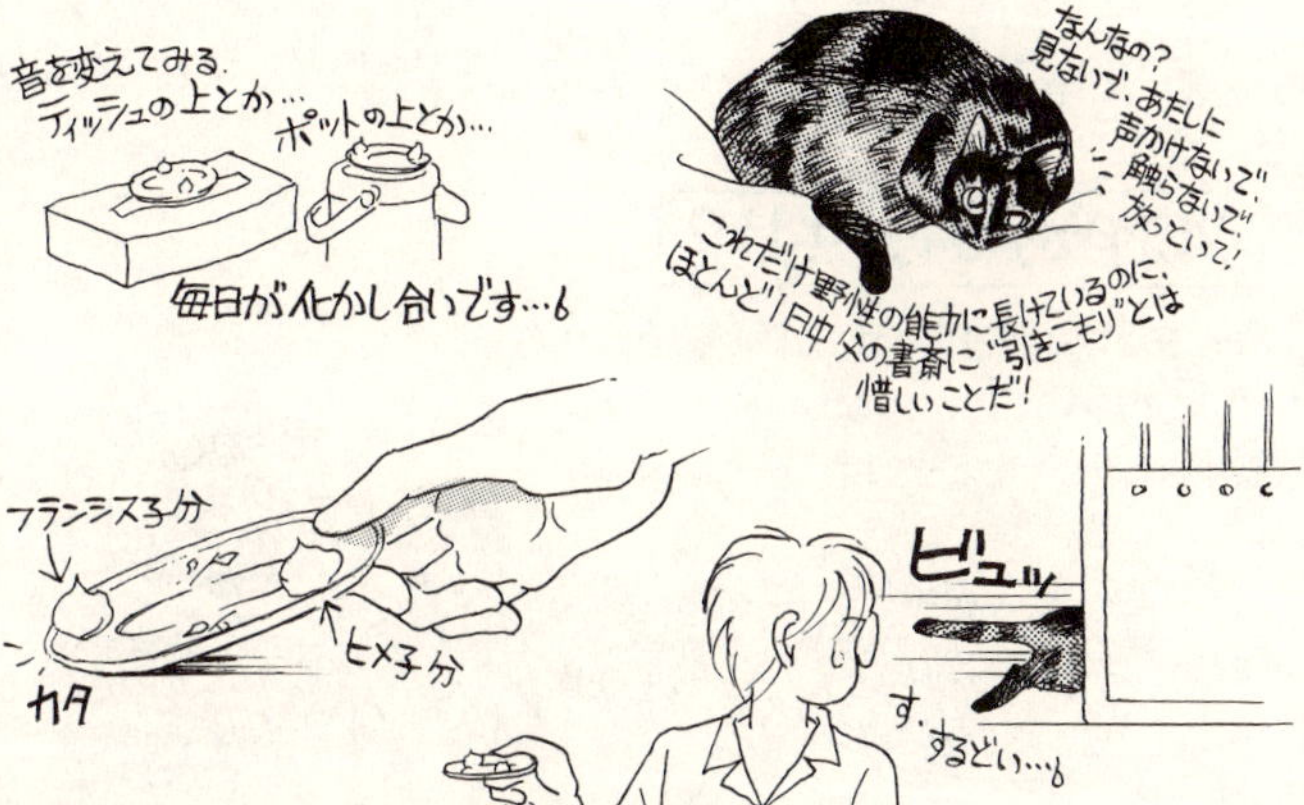

その㉑——クロイヤツ

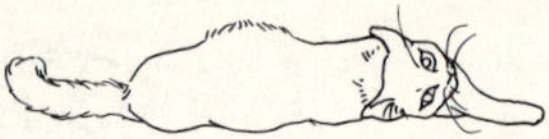

P.83で紹介しました〃想定外の入居者〃「クロイヤツ」ですが、実はしっかりとまだ軒下に住み着いています。夏場には出て行くだろうと思っていましたが、出かけてもせいぜい半日(※1)、夕方には玄関先に戻っています。ヤツが居着いて丸1年。こうなるともう、正式入居者と認めざるをえません。

実はクロイヤツ、かなり謎の多い猫です。本当のところ、雄か雌かも確認できていないのです。態度からして99%雄と思われるのですが、ケンカを売られても無視。マーキングはしない。雌にはまったく興味ナシ……かと言って、雄から言い寄られることもなく、ただ黒い影のように庭にいます。まるで黒澤明監督、若き日の前田吟演じるところの、眼光鋭い人間不信で孤高の農民か猟師といった風情です(実際前田吟さんが、黒澤作品に出演していたかどうかは存じ上げませんが)。

クロイヤツは実に情けないヤツです。最近ではかなり慣れ、さりげなく目の前にエサのお皿を置けるまでにはなったのですが、鼻先数センチのエサに、なかなか口をつけようとしません。お腹はすいているはずなのに、人間の気配が完全に消えてから、10分

クロイヤツの行き先は?

※1 夏場の日中、クロイヤツは隣の墓地にでも行っているのだろうと思っていましたが、ナント! 我家と背中合わせのY家に出没していたことが判明。

以上たたないと食べ始めないのです。その間にテンちゃんが横から食べ、時にY家のチンピラども（※2）がやって来て食べ、運悪く流しのノラが目の前で食べつくし、さらにはカラスがお皿ごと引いて行ったりしても、沈黙したままその場にうずくまり、カラになったお皿を見つめているだけなのです。威嚇するとか、ひと切れでもくわえて逃げるとかいう、ノラとして生き抜くたくましさは微塵も感じられません。ふと「……もしかして飼い猫だったんじゃ？」と、気付きました。飼い猫もしくは、安定したパトロンを持っていた外猫で、人間から手酷い裏切りを受けて放浪するはめになったとしたら……、そしてその時既に去勢済みだったとしたら……クロイヤツの謎の行動すべての説明がつきます。

どんな過去を背負ってここにたどり着いたのかは、想像するほかありません。

それでも最近、私がうちの猫たちやテンちゃんと、家の前で〝プチ集会〟を開いていると、距離をおいてひっそりと加わってたり、ホットマット入りの箱の中で丸まって、ぐっすりと眠っていたりする姿を見ると、「カワイイ」と思います。ノラ生活では決して得られることのない平安の時でしょう。ここがクロイヤツ最後の安住の地となるよう願っています。

チンピラトリオ解散

※2 実はP.66でもご紹介しましたY家チンピラトリオ一番の男前「チビ」が、2008年4月に白血病による再生不良性貧血で亡くなってしまったのです。

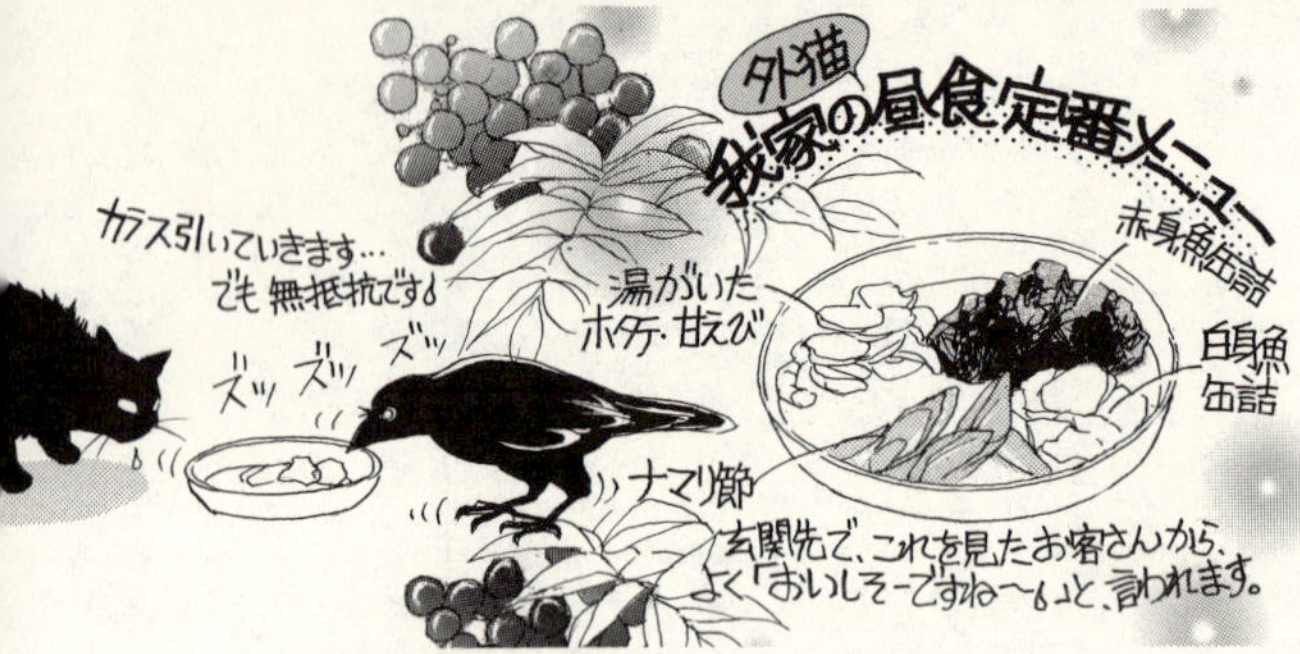

情けな〜いクロイヤツ

カラスや他のノラを叱って追い払ってもムダ。彼等だって、生活かかってるんですから。あきらめて、相手が満足して去ってからまたエサをやるしかないです。

満足させて行ってもらう

あるいは「より魅力的な場所を与えて移ってもらう」。これってけっこう動物や人間の子供なんかにも使えるテだと思います。ただし、犬や猿など順位がはっきりしていて、基本的に集団生活の動物には、逆効果の場合もありますが。

猫が庭でフンをして困るという猫嫌いの知人に、「じゃあその場所にエサ置いといてごらんよ！　しなくなるから」と、言ったことがあります。もちろん実行するわけがないと分かっていてのイヤミですが……でもこれはマジです！

最近のテンちゃん

剣呑な婆ちゃん外猫テンちゃん。最近では当然のように家の中に入ってきます。「外のエサなんかクロイヤツにくれてやるわ！ 私は特別よ！」とばかりに、うちの子たちのエサを食べ（むしろ外猫用の方が豪華だったりするのですが……）、暖房の前でしばし家猫気分を味わっていたりします。

父の書斎の寝椅子に、あまりにもぐっすりとテンちゃんが寝ているので、さすがにこちらもドアを開けっ放しで寝るわけにもいかず、ためしに閉めてみようかな——……と、静か？にドアを閉めたら数分後、テンちゃんパニックになって、開けてやった勝手口から飛び出て行きました。

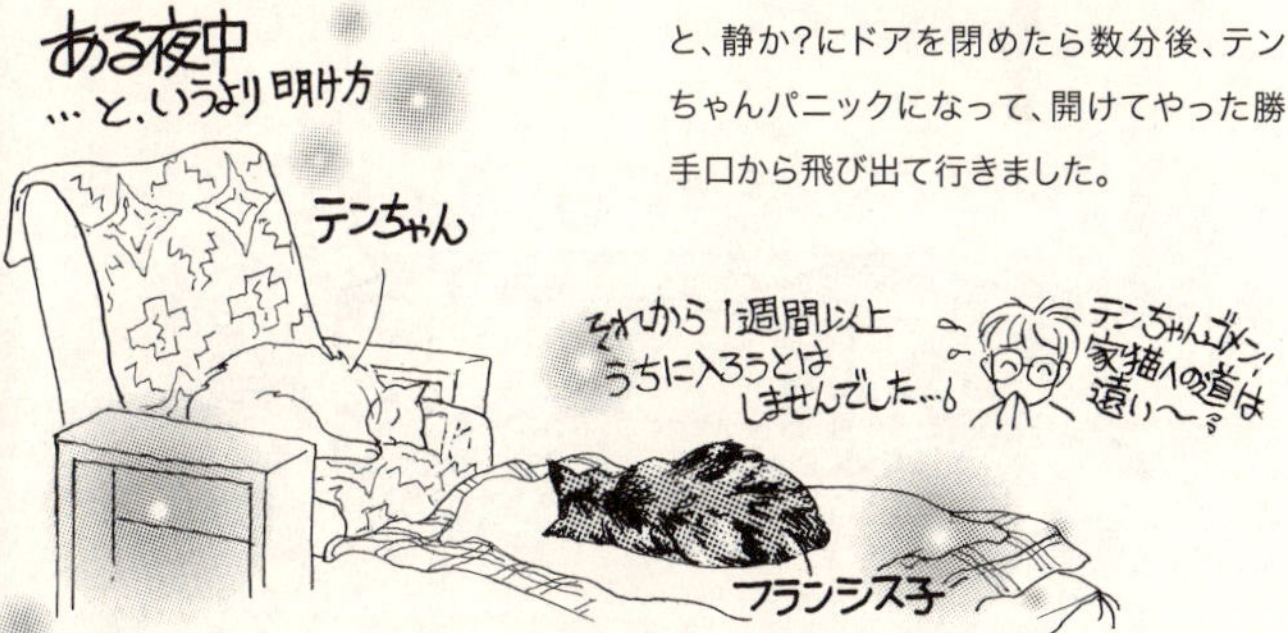

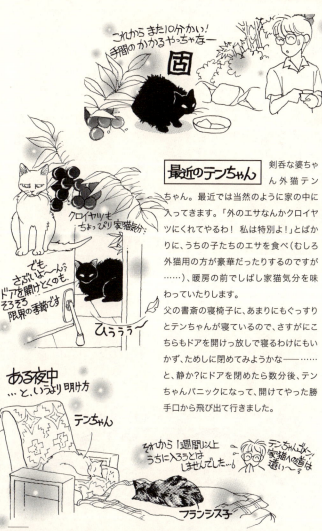

その㉒——トホホ・クイーン

ある日突然、近所のTさんが訪ねてきました。Tさんは娘さんと一軒屋で2人暮らし、そして家の中には、保護した猫が現在41匹という、とてつもない猫おばさんです。

「ご相談があって……」と、Tさんは切り出しました。「な、なんでしょう?」。私は玄関先で1歩後ずさりしました。というのも、これまでの経験上、Tさんに関わるとロクな目にあわないからです。

Tさんの相談とは、最近家の周囲に猫が増え、ご近所からTさんがエサをやるからだと苦情を言われているので「どうしましょう?」というものでした。T家周辺の猫たちは私も顔見知りです。生後半年位の若猫たちで、私も毎晩ナマリなどを投げて通るので、責任の一端はあります。しかしその猫たちは、皆丸々と太っています。必ず他にも近所にしっかり食事を与えている家があるはずです。「心を鬼にして、エサを出すのをやめようかと思う」と、Tさんは言います。しかしそれでは、他のエサ場を求めて移動したり、食事を与えている別のお宅の負担が大きくなるだけで、単なる責任転嫁、根本的な解決にはなりません。とにかくコツコツ捕まえて、雌を避

1

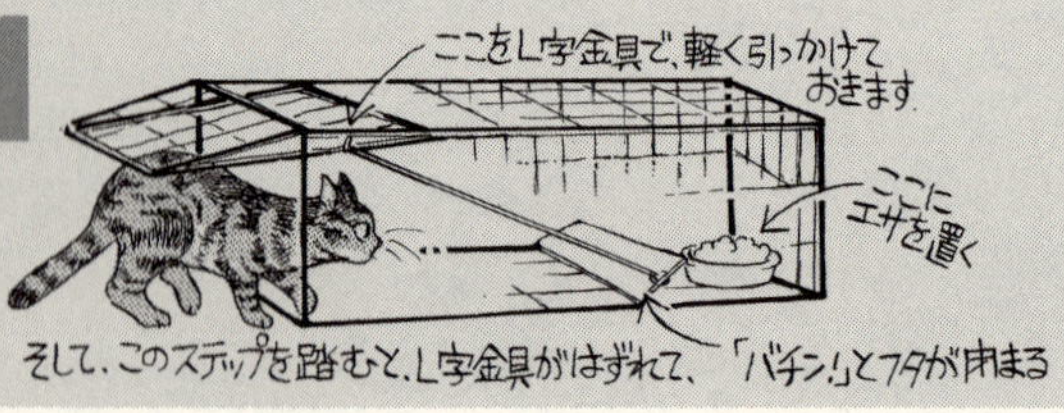

妊するしかありません。「私も全面協力しますから！」と、……つまりはこれが、Tさんが期待していた答えな訳です。

T家は医療費を獣医さんに借金しているような猫経済状況なので、避妊費用はこちらが負担しましょう。しかし私は、80才を過ぎた両親をかかえる身です。これ以上時間と労力は費やせません。なるべく一度の手間ですむよう、複数匹の猫をまとめてもらうことにして、友人から猫捕獲用具を借りてきました。その友人のかかりつけ病院は、ノラを格安で避妊してくれる上、友人の区ではノラ避妊に助成金が出るのです。ズルイ手ですが、いつも友人にその区まで猫をはこんでもらい避妊しています。Tさんは4匹の猫を捕獲したのですが、内2匹は避妊年齢に達しておらず、1匹は雄だったのでリリース。結局1匹だけということになりました。

手術が終わった頃、友人から電話がかかってきました。私は耳を疑いました。

なんと！　その猫は既に避妊済みだったのです。通常避妊済みのノラは、耳に入れ墨などの印をつけておくのですがそれも無く、お腹にも切った痕跡が見当たらなかったので、開腹してみたら避妊済みだったとのことです。

やっぱりTさんは、トホホ……です。かわいそうなのは猫です。2度も切腹させられるなんて！

猫捕獲用具

本来の用途は、イタチやタヌキなど、小動物用のトラップだと思います。ところがこのトラップ、まず引っかかるのがまぬけで食い意地の張った♂がほとんど。警戒心旺盛な妊娠中の♀などにはあまり向いていません。

感覚的には、
1匹♀を避妊するごとに、
3匹減といった
ペースで減っていきます。
これは、♀がオーンザではなくなったので、
♂がショバ替えして、出て行く
ケースも含めてです。

これは私が10年かけて
実証したことですので、
信じてください!

最多時には、うちのまわりにも
大・小合わせて30匹近くいたかなぁ…
もちろんモンクも言われましたよ～～

ウンコの苦情を言われたら、
にこやかに、こまめにお掃除に
うかがいましょうね☆

ご近所の苦情

Tさんのみならず、「お宅がエサをやるから猫が増えるんだ!」という苦情を受けた方は多いと思います。しかし、以前にも申しました通り、いくら個人レベルでエサをやっても、減りもしない代わりに、決して増えもしません。春・秋の仔猫シーズンには爆発的に増えてキモを冷やしたりもしますが、それでも1年間生き延びる猫はほとんどいないのです(特に都会の猫は事故で)。そして、1匹ずつ雌の避妊を続ければ必ず減ります! 限り無くゼロに近付きます。……なーんてことを、いくら猫嫌いの人に訴えても通用する訳がありませんので、ただ黙々と避妊あるのみです。

あまりにも集中的に
やられる場所が
あったら、猫よけの
トゲトゲをプレゼント
しておきます。

便りが無いのは元気な印?

多いお産事故死

私が関わった中だけでも3匹、子宮蓄膿症で危なかった猫に手術を受けさせたことがあります。1、2割という確率ですが、潜在的にはもっと多くの雌猫がこれで命を落としているものと思われます。子宮の中で胎児が死んだ場合、2足歩行の人間だと流産してしまう訳ですが、4足歩行の猫だと、死んだ胎児などが出ていきにくく、お腹の中で腐ってしまい、子宮蓄膿症となります(※)。もちろん放っておけば、母猫は助かりません。それを防ぐためにもぜひ、避妊手術を！※黄体ホルモンに対する子宮内膜の過剰反応など、別の原因の場合もあります。

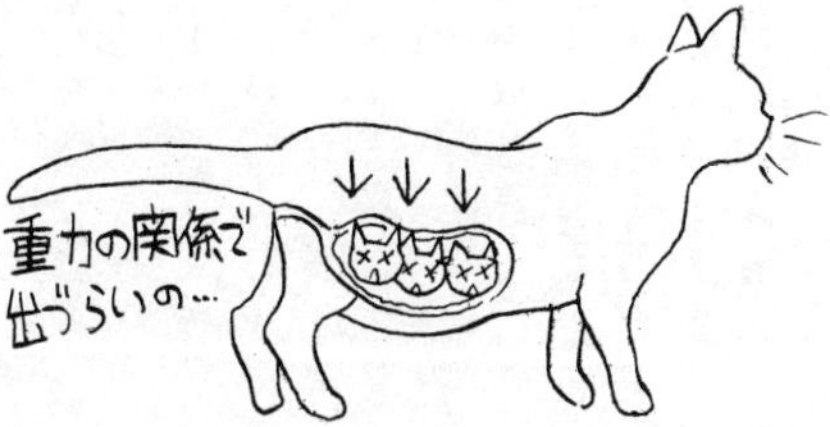

便りが無いのは元気な印？

ここのところ、あまり話題に上らないシロミですが、実は昨年12月頭にまた血尿をやってしまいました。しかし、私もD院長も慣れたもので、ヤレヤレ、またか……といった感じで、ただひたすら毎日膀胱洗浄に通い、10日ほどで治まりました。

その㉓——怖くない死体

3年前の夏のことです。A邸のお婆さんが、ガレージの車の下で猫が死んでいると、知らせに来ました。あわてて見に行くと、白黒の柄「チョビマ♀・推定16才」でした。

A邸の若夫婦一家は、海外旅行で留守にしていて、2週間ぶりに車を動かしたら、下で猫の死体を発見したという訳です。

〝軒猫〟だったチョビマは、食欲が落ちてきていました。この夏を越せるだろうかと心配していたところ、姿を見せなくなっていたので、たぶん隣の墓地に涼を取りに行って、そのまま帰れなくなったんだろう……外猫らしい潔い最期だな、と思っていました。それがこんな近くにいたなんて！　私がうちの猫たちと路上で〝集会〟を開いている間も、ほんの2、3メートル先の車の下にいたのです。

夏場だというのにあまり臭いも無く、コンクリートの床の上で、乾いてペラッペラに平たくなった死体は、スコップですくうとパリッとはがれました。我家では〝伝統的に〟外猫は隣の墓地に埋めるのですが、スコップに乗せた猫の死体を白昼堂々、大通りに面した名刹の正門から運び入れる訳にもいかず、「ゴメンネ」と、我家の

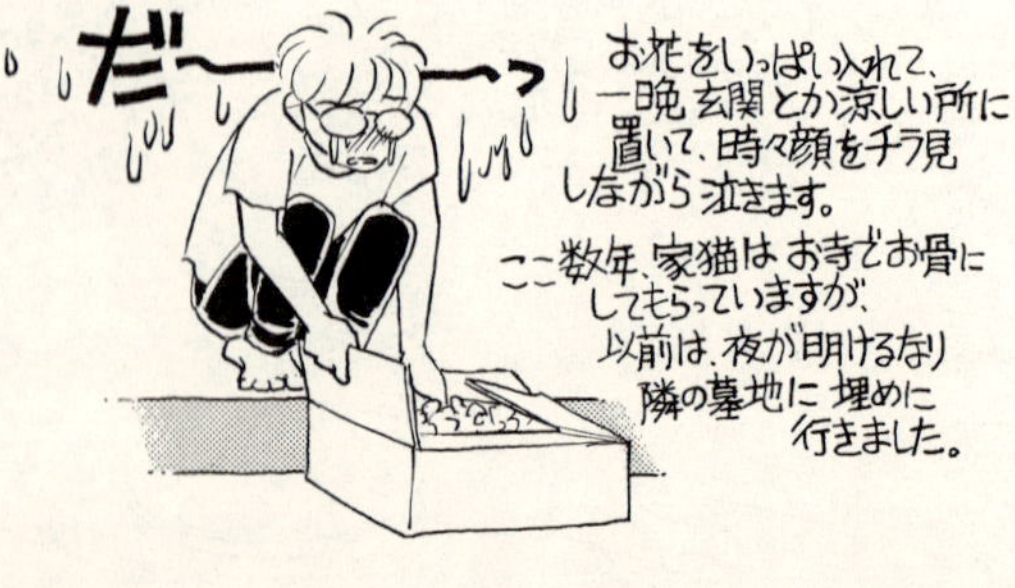
だ〜〜〜っ
お花をいっぱい入れて、一晩玄関とか涼しい所に置いて、時々顔をチラ見しながら泣きます。
ここ数年、家猫はお寺でお骨にしてもらっていますが、以前は、夜が明けるなり隣の墓地に埋めに行きました。

塀の上から墓地に落としました。死体は「パサッ」と、乾いた音を立てて地面に落ちました。

さて……それを彷彿させるような（？）恐ろしい出来事がありました。

27年来の弟分M君と、昨年末から連絡が取れなくなっていました。M君は18才の時、当時漫画の同人誌の会長だった私を頼って、初対面にもかかわらず、熊本から家出同然で転がり込んで来たという、とんでもないヤツです。それ以来かわいがったり、突き放したりしつつ続いてきた長い仲です。最近ではメールのやり取りはあるものの、実際には年に3、4回会うか会わないかの付き合いでした。

難病をかかえている上、精神的に不安定な部分もあるM君でしたが、入院しても必ず律儀に返事をくれていた彼が……。異常を感じ共通の友人と3人で、2月の頭〝捜索〟に出かけました。M君のアパートに着き、扉や雨戸をガンガン叩いて呼びかけていたら、偶然アパートの前の小さな畑に、大家のお婆ちゃんがいました。事情を話すと、M君の部屋のカギを開けてくれました。

果たしてM君は、部屋の中でカラッカラに乾いていました。死後およそ1ヶ月。

怖くも気味悪くもありませんでした。「ゴメンネ……もっと早く見つけてあげられなくて」と、ふとチョビマを思い出しました。

死んだら物《ブツ》？

猫が死んだ時、一晩添い寝したとか、3日間手放せなかったとかいう話をよく聞きますが、これは私には、まったく理解できない感情です。むしろ、これまでやわらかくて温かくて愛しかった存在が冷たくて硬い見知らぬ物体になってしまったようで、あまり見ていたくありません。

死んでるヤツより生きてるヤツ？

Ｍ君の部屋をのぞいて「あ？　こりゃもうアカン！」と分かり、“現場保存”のため立ち入らず、すぐに扉を閉めたのですが、その瞬間パッと玄関入って左、水が３分の１ほどに減った水槽の中に赤い金魚がいるのが目に飛び込んできたのです。

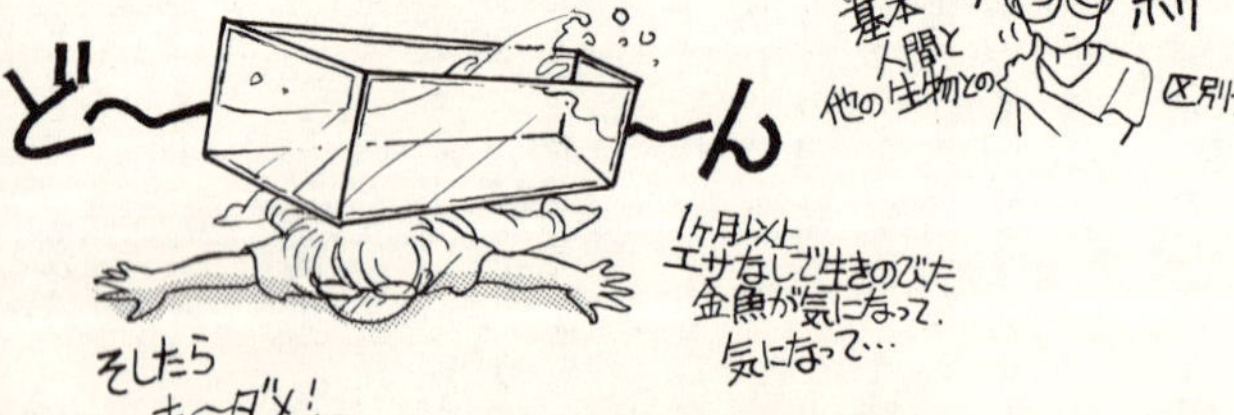

そして２、３日後、東京での仮葬儀の後「お悲しみのところ誠に不謹慎ながら……」と、恐る恐る初対面のご遺族に、水槽にいた金魚を譲ってくれないかと申し出ました。家族の方は「熊本までは持って帰れないので助かります」と、快諾してくださいました。

生き物が大好きで、ことに「自分が病気になってからは、蚊も殺せないんだ」と言っていた、心優しいＭ君でしたから、いないはずの赤い金魚がパッと目に入ったのは、私に「気づいてくれ！」というＭ君のメッセージだったかも知れません。

春のお花見・夏の海水浴・秋は父の誕生会
忘年会・お正月と、季節ごとに顔を見せて
くれていたM君。さびしいぞ～…
新しい季節が巡ってくるたびに、悲しみも新たに
なるんだろうな～…

最近のシロミ

馬尾神経の損傷で、尻尾はほとんど動かないはずのシロミですが、猫がよくやるこのポーズの時だけは、尻尾がここまで上がるんです！ 回復してきた……というより、これは初期からできました。このポーズの場合の尻尾の動きは特殊で、脊椎のもっと上部の神経が司っている筋肉の動きなのだということが分かります。

元気です!!

いじめ全開！
パンチもアブラ乗ってます！

どんなにぶたれてもメゲません！

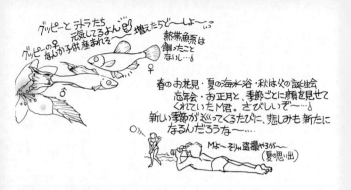

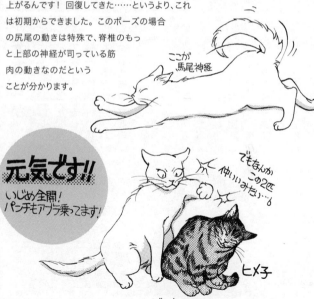

その㉔――マザー・テレサか光源氏か

今年も数匹のノラ猫が、冬を越せずに姿を消しました。毎晩エサをやりに行っていた常連猫たちです。ほとんどが猫伝染性鼻気管炎、つまり単なる〝猫カゼ〟ですが、元々エイズ（ＦＩＶ）や猫伝染性白血病（ＦｅＬＶ）などの感染症を持っていると、治りが悪く重症化してしまうのです。人間のカゼ同様、治療の基本は、保温と保湿と栄養なのですが、そのいずれもノラたちは充分に得られないのですから、いくら抗生物質をエサに混ぜてやったところで追いつくはずがありません。

その内２匹は、私が関わって避妊手術済みの猫でした。それからまだ１年ほどしかたっていません。何のために苦労して捕まえて、短い一生なのに怖い思いや痛い思いをさせたのか……すべてが徒労に思えてむなしくなります。しかしその１年の間に、雌猫は２回妊娠します。その内〝成人〟する仔猫は、１匹か２匹のはずです。その半数が雌で仔猫を産んだとしても、１年後の雌の数はマイナス１匹、プラス１匹で、増えも減りもしません。しかし雌を１匹避妊すれば、産まれるはずのプラス１匹が無しになるわけですから、１年後には確実に１匹減となる理屈です。悲しいかなノラの寿命が短い

まっ白で金目銀目の美猫母さん
うちのササミの姉妹は、避妊が間に合わず産んでしまったので、1シーズンパスしていたのですが、子宮蓄膿症で
弱っているところを保護。手術を受けさせ入院治療したものの
それから1年足らずで姿を消しました。おそらく事故でしょう。
うう～

からこそ、避妊には効果があるのです。徒労なんぞと言ってるヒマがあったら、コツコツと、続けていくのみです。

以前、妹から「猫界のマザー・テレサ」と、過分なお誉めの言葉を頂きましたが、マザー・テレサの代表的な仕事に、インドに設立された「死を待つ人の家」があります。ホスピスの先駆けのような物です。彼女も死にゆく人々に接する中で、無力感にさいなまれたのでしょうか……、それとも信仰があったので、揺るがなかったのでしょうか。

ただ、様々な死に接すると、死に慣れるな――という気はします。慣れるというのは、決して平チャラになるとか、マヒする訳ではありません。死を日常レベルで判断しなくてはならないのだという、心構えのようなものが身に付いてくるのです。この感覚は、もしかしたら偉大なるマザー・テレサとも共通していたのかも知れません。

さて一方で、私は父から某誌で「猫界の光源氏」と称されたことがあります。どんな猫にも、分け隔てなく愛嬌をふりまくからだそうです。確かに私は、どんなブサなアホ猫にでも「獣臭くて、小さな脳ミソが実にイイ～!!」と、甘言を吐いております。

ああ……このテクが人間のオトコにも使えていたなら、もっとモテモテだったのにな～！

正直きびしい 避妊手術済みの猫が、月日を経ずして死んだ時、水の泡と消えるのは労力のみならず、お金もです。ことに、避妊だけでなく他の病気も併発していて治療を必要としていたケースなど、ン十万円が水泡と帰すわけで、正直トホホ……なのが人情というものでありましょう。

責められません

仔猫が産まれると、崖の上からポイ捨てすることを堂々公表して、物議をかもした女性作家がおられましたが、そのような極端な信念をお持ちの方とは決してお知り合いにはなりたくありません。しかし、頭ごなしに非難する気もありません。

いつもノラ避妊を格安でやってもらっている某区のY獣医師からは、堕ろした猫の胎児を「埋めて供養してやってくれ」と、渡されます。これには、胎児を医療廃棄物として処理する費用を節約して、その分安くするという側面と、「人間の行いの罪深さから目をそらすな」ということを常に思い起こさせるという意味があります。

友人を介してなので、Y獣医師とは面識がありませんが、これはたいへんすばらしいアイデアだと思います。何度避妊を頼んでも、ビニール袋に入った胎児を渡されると、改めて母猫に「ツライ思いをさせてるんだな」と、申し訳なく、覚悟を新たにさせられます。

シロミ現在進行形

なんか最近、ウンコのパターンが変わってきたような……。以前は固いチョコボールのようなウンコが、コロンと転がり落ちていたのですが、ここのところほとんど自力で出ないのです。D院長が触診しても、さほど固い“腸詰め状態”にまで至っていないと言います。それでも「絶対何も出してないんだから」と頼んで掘ってもらうと入り口の超固いウンコの後に、以前家中にぶちまけた、例の“泥状物体”が！　シロミも4才、そろそろ若年の域を出ようとしています。腸のぜん動運動が落ちてきたのか、また別の原因があるのかも知れません。何にせよ、病院も私も手探りでやっていくしかないのです。

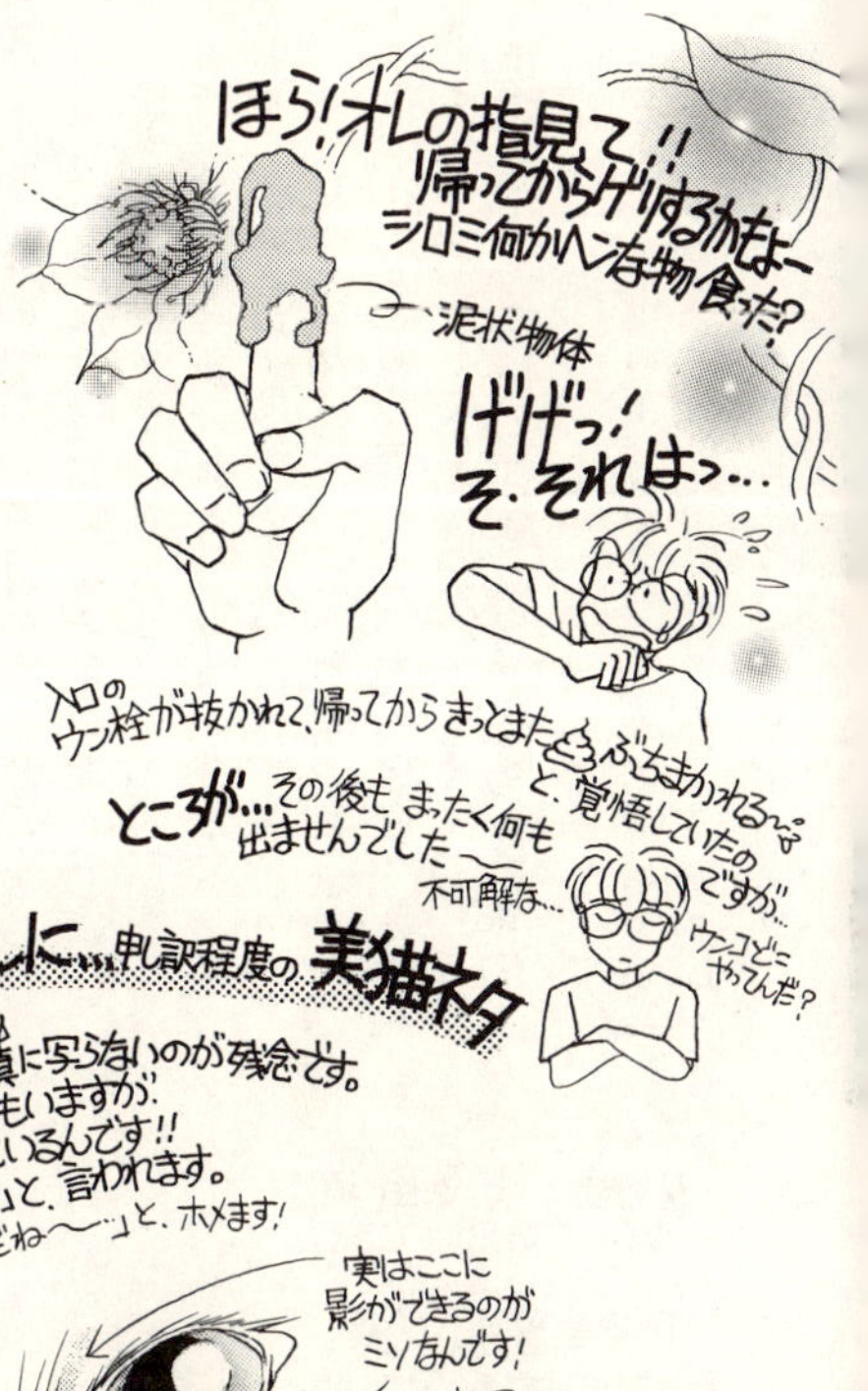
ほら! オレの指見て!!
帰ってからゲリするかもよー
シロミ何かヘンな物食った?
泥状物体
げげっ! そ・それはっ…
入口のウン栓が抜かれて、帰ってからきっとまた💩ぶちまかれるな
と、覚悟していたのですが…
ところが…その後もまったく何も出ませんでした〜
不可解な…
ウンコどこにやってんだ?

ウンコネタのお口直しに…申し訳程度の美猫ネタ

今さらながらの親バカですが…!
シロミの本当の美しさは、決して写真に写らないのが残念です。
整った顔立ちの白猫は、いくらでもいますが、
シロミは眼の美しさが際立っているんです!!
よく「人間みたいな眼をしてる」と、言われます。
院長ですら、「シロミは眼がキレイだね〜ッ」と、ホメます!

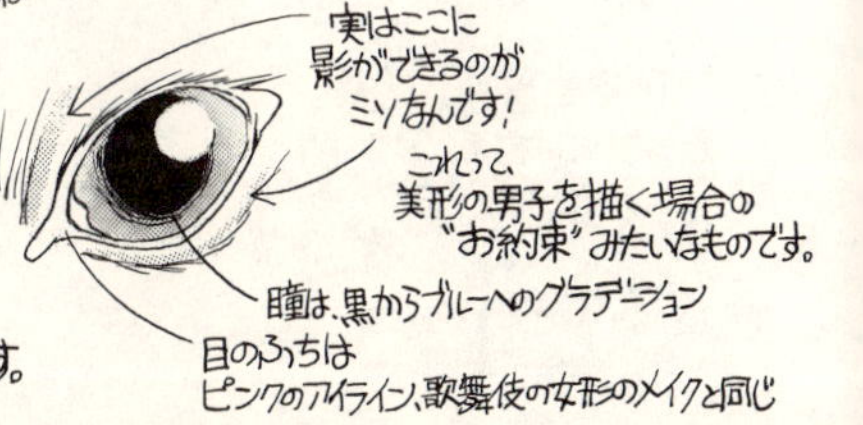
実はここに影ができるのがミソなんです!
これって、美形の男子を描く場合の“お約束”みたいなものです。
瞳は、黒からブルーへのグラデーション
目のふちはピンクのアイライン、歌舞伎の女形のメイクと同じ

どうしてキレイに見えるんだろう??——と、
ついつい開店休業中ながら、
漫画家根性で、ハルノは
分析してしまいます。

その㉕——風水なんて無縁です

クロコさん亡き後、我家の〝最長老〟となった「フランシス子♀・15才」は、とんでもない横着者です。

若猫の頃は隣の墓地を跳びまわり、丸一日帰らないことなどザラでした。心配して当時開発された犬猫用小型発信機を首輪に着けてみたのですが、猫にとってはかなり重く、ジャマくさい代物だった上、参ったことに高価なその機械を落として来るのです。2個目を落とされた時には、装着を断念しました。

そんなフランシス子も、近年は父の書斎に引きこもり、玄関かキッチンで食べては書斎に戻って寝る。移動は数メートル四方、2階に上がって来ることすら、数日に1度あるか無いかです。それでも元々トイレだけは、外でしかできない猫で、数年前の大雪の日ついにガマンの限界となり、1度だけ家の猫トイレでしてしまい、その事件は〝屈辱のおうちしっこ〟として伝説となっています。

そのフランシス子が……！　今年の5月頃から、玄関で大も小もしてしまうのです。

そこは玄関脇のクローゼット下の130×40センチほどの飾り物を置くためのスペースで、元は白い石の砂利が敷き詰めてありました。しかしこの家に来た当初、砂利が散らかるし掃除もしにくいの

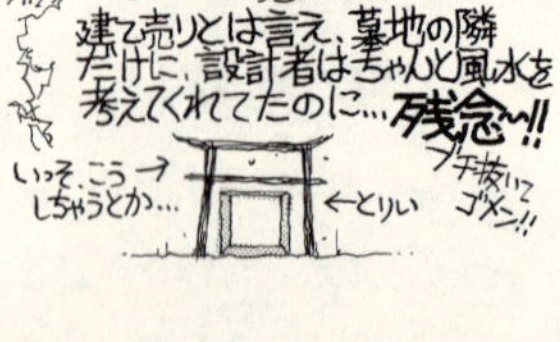

墓地側には、ヒバの生け垣、

(痛いから、防犯にもなるし)

両方とも風水にのっとった、りっぱな「魔除け」です。

建て売りとは言え、墓地の隣だけに、設計者はちゃんと風水を考えてくれてたのに…残念〜!!

ブチ抜いてゴメン!!

いっそ、こう しちゃうとか…

←とりい

で、早々に砂利は取り払い、むき出しの銅板の上に直接、鉢などを置いていました。それが最近Y家のピーが入って来てはマーキングをする。さらにフランシス子の大量のおしっこです。銅板の上は〝緑青〟だらけ！　銅が酸化した緑青は猛毒です。フランシス子がよく吐くのは、そのせいかも知れません。今のところシロミはその場所に興味ナシなので助かりますが、立ち入った場合には泌尿器系に、いかほどのダメージを被ることやら……。高齢のフランシス子を叱ったところで、どうなるものでもありません。〝家の顔〟玄関ですが、やむなく緑青を研《みが》き取った後で、トイレシーツを敷き詰めました。

かくしてフランシス子は、毎日堂々〝自分専用玄関トイレ〟を使用しています。

さらなる風水破り……我家は隣の墓地より、数十センチ盛り土をした石垣の上に建っているので、墓地の地面から塀の上までは2メートル強あります。若猫ならまだしも、老猫や子猫には、ちとキビシイ高さです。腰の不自由なシロミが老化したら……そして新たな外猫の流通を期待して、万能助っ人ガンちゃんに、ドリルでブロック塀の一角をブチ抜いて〝猫穴〟を作ってもらいました。墓地と庭貫通です！

ああ……どんどんミョーな家になっていく！

猫穴

ちゃんとシロミは活用しています。ある時ヒメ子、シロミが出て行く瞬間を目撃！ 初めて穴の存在に気付きました。

そしてシロミの後を追って、出て行ってしまいました。超ビビリ屋なので、お墓でY家のチンピラどもにでも出くわしたら帰れないぞ！ だいじょうぶか!?――と、心配していたら、ほんの数分後に、ドキドキ顔で家に飛び込んできました。

猫穴効果なのかは分からないけど…

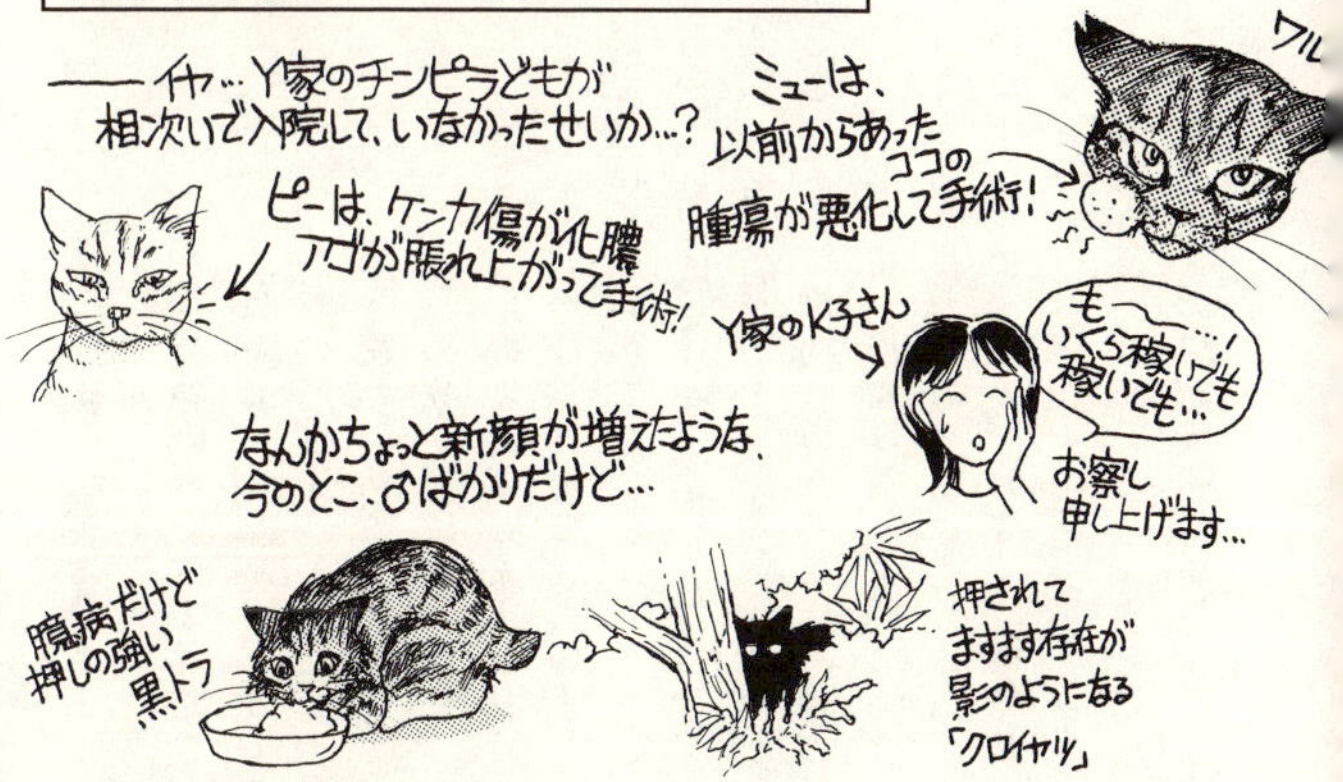

ビジネスチャンス…かも？

落としてくる発信機だけで6千円位したでしょうか。名前も知らない、小さな製作所が開発した物ですが、あまり役に立たなかったとは言え、当時コレを作ってみようと思い付いた**「アンタはエライ！」**。今なら、もっと小さな首輪型にでもして、GPSでパソコンや携帯の画面上で居場所が分かるような物を作ることが可能なのでは？

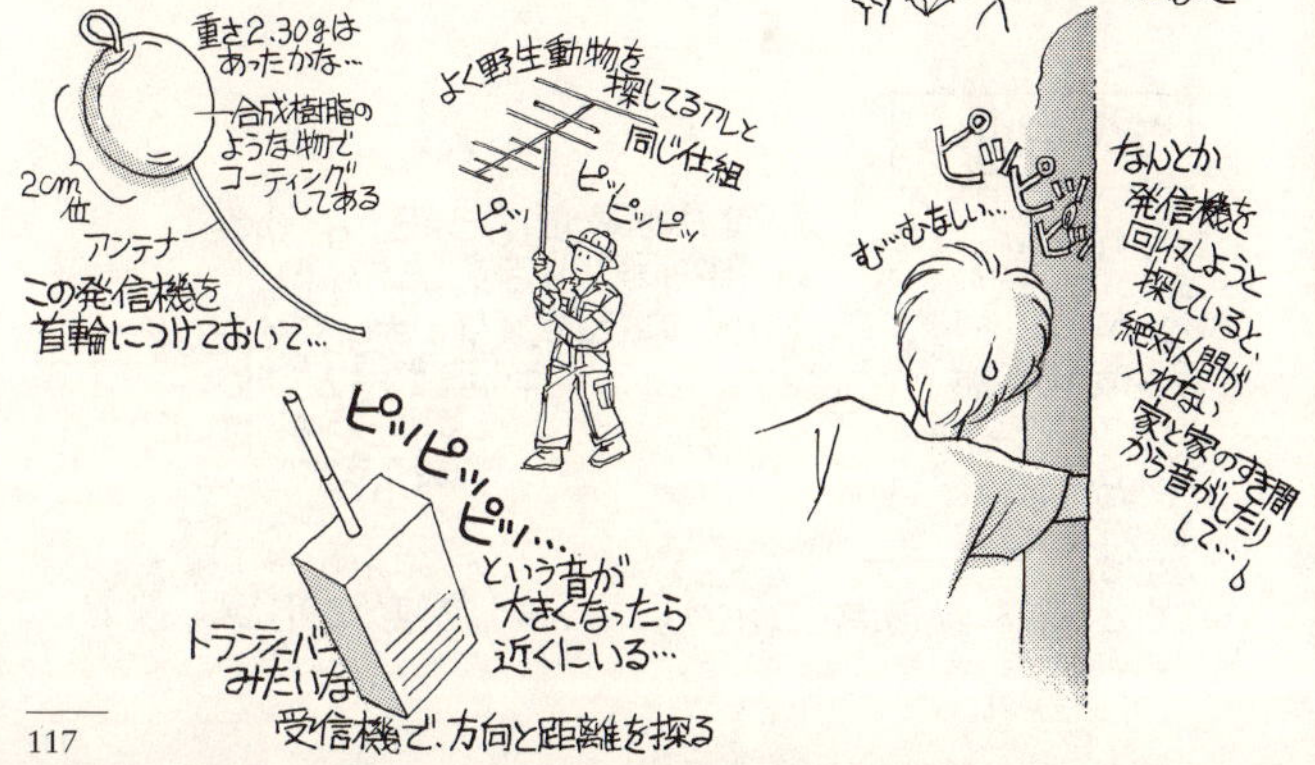

その㉖——猫に見習え！

猫に睡眠薬を飲ませたことがあります。

20年ほど前にいた「タロウ」という雄猫ですが、去勢の時期を逸してしまったために発情して一日中鳴き続け、あまりにもうるさいし、ついには生後1ヶ月の我が仔に乗っかり、シロミと同じく馬尾神経を損傷させてしまうという始末です（結局その仔は間もなく死んでしまいました）。

耐えかねて「静かにならんかい！」と、人間用の睡眠導入剤を6分の1ほど飲ませてみました（決してマネをしないでください！）。タロウ自身も疲れ果てているでしょうし、コロッと眠るかと思いきや、動物というものは薬物の効力に抵抗するのです。テレビなどで、麻酔薬を打ち込まれても抵抗して、フラフラになりながらも暴れ続けるクマとかトラとかを見たことがあるかと思いますが、まったく同じです。あくまでも立ち上がろうとするのです（30分ほどで、本当に寝てしまいましたが）。その立ち上がろうとする姿には、恐ろしさすら覚えました。

この夏、うちの母が大腿骨を骨折し、人工骨頭を入れるという手術をしました。

アヤシイ…
シロミは、左耳先がカールしてますが、それに近いとんがり耳
目はあざやかな黄色
長い手足・やや長毛気味
と、パーツがひじょ～によく似てるんです！
でも、ぜつみょ～のバランスで、シロミの方が美猫ですけどね…
近所の家の前で、シロミによく似た白猫を見かけます。（たぶん♂）
トシの頃も同じくらい…もしや兄妹では？
シロミを捨てたのは、このうちなのでは…と、疑ってます！
結局親バカかい…

元来食欲は無いし、生きる意欲が希薄な人でしたが、「生きることに疲れ果てた」だの「痛いから動けない」だのと〝人間っぽい〟グチを聞いていると、「動物に見習えー!!」と、言いたくなります。

シロミだって、どんなに痛かったでしょう、捨てられても立ち上がり前に前に歩いて、〝トラジマブラザーズ〟と合流し、結果私に拾われました。かつて進行性の胃ガンを患っていた「タン」という猫も、死の2、3週間前まで外に出かけて鳥を捕り、直前まで好物の甘エビを食べようとしていました。

その時D院長が、「すごいな……動物は絶望しないもんな」と、言ったのを覚えています。〝絶望〟しなかったから、余命1ヶ月と宣告されてもタンは、それから2年半生きたのです。

「絶望するな！」と言ったって、もちろん人間の精神は、動物と比較にならないほど複雑です。恐怖や執着、また育ってきた境遇とか、現在の環境や人間関係によっても、大きく左右されることでしょう。

しかし、単純であるがゆえに高度のことを成しとげている〝人間〟以外の生物たちには、常に敬意を表します。

「歩きたい！　食べたい！　生きたい！」。それだけで、どんな障害をもった動物たちでも、ただ今日を生きのびているのです。

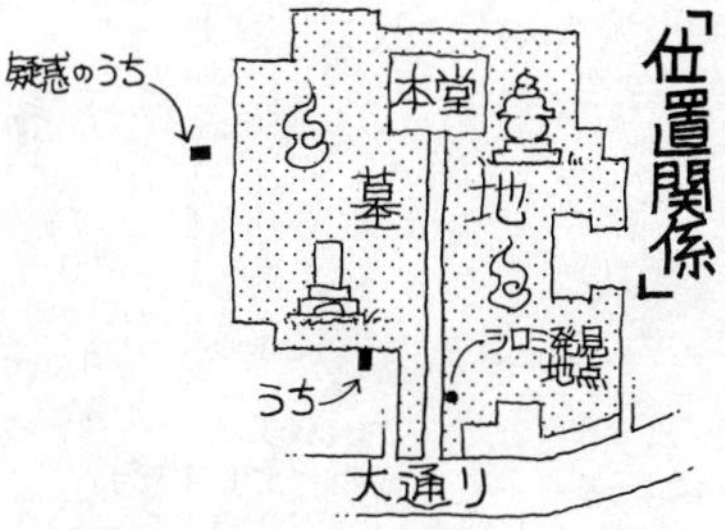

介護マニアか!?

3年モノのりっぱな
黒出目ちゃん
動かずに食べているので、
かなりのメタボ状態…
プリップリに
太ってます…

我家には、“寝たきり出目金”がいます。水替えの時、ギリギリまで水位を落としたためか、浮き袋に何らかの変調をきたしてしまったのでしょう。横倒しになって沈んだまま、それから丸1年間“寝たきり生活”を送っています。寝たきりでは、ほとんどエサが食べられないので、昼・夜2回、口元までエサを運んでやっています。本来なら、自然に衰弱死に至る生命を人間の手によって生かしている……介護マニアか!? と思われるかも知れませんが、そこには私なりの明確な基準があります。

- 食べたい！（食べようとしている）
- この世界の何かに興味を持って見ている。

このどちらか一方でも残っている場合は、できる限り、その生きようとする力の手助けをすることにしています。猫で言えば、食欲が無くなり、口から物を食べられなくなっても、おもちゃに興味を示して手を出そうとしたり、動けなくなっても飼い主の姿をうれしそうに目で追ったりしている内は、決して放置や安楽死は考えないと、決めているのです。

毎日2回は、
けっこうしんどい…
でも、けんめいに
食いついてきます!!
P.107の、亡くなったM君の部屋から
もらってきた3匹のグッピー。
半年ほどで、数10匹に
増えました〜!!
ひじょーに
生命力の強い
貪欲な魚だと
いうことを
知りました。
うっかり死んだ
ヤツは、すぐに
食われちゃうし…
何かM君の「生きたい!!」という想いが
乗り移っているようで——…これからも大切にします。
(誰か、欲しい人いませんか〜? お分けしますよ〜)

最も悩んだ レバ男のケース

同じ所をくるくる回ってるな……と、異常を感じ、入院させて１週間ほどで、食べ物を飲み込むことすらできなくなりました。進行性の延髄の腫瘍でした。とりあえず帰宅したものの、１日３回喉に入れたチューブから流動食を注入する生活。呼びかけると「ギャ？」と鳴くので、耳は聞こえて認識はできるようですが、瞳孔は開き、眼振が続いています。もしかしてレバにとって世界はグルグル回る恐ろしいだけの存在なのかも知れません。この時ばかりは“安楽死”という選択が頭をよぎりました。

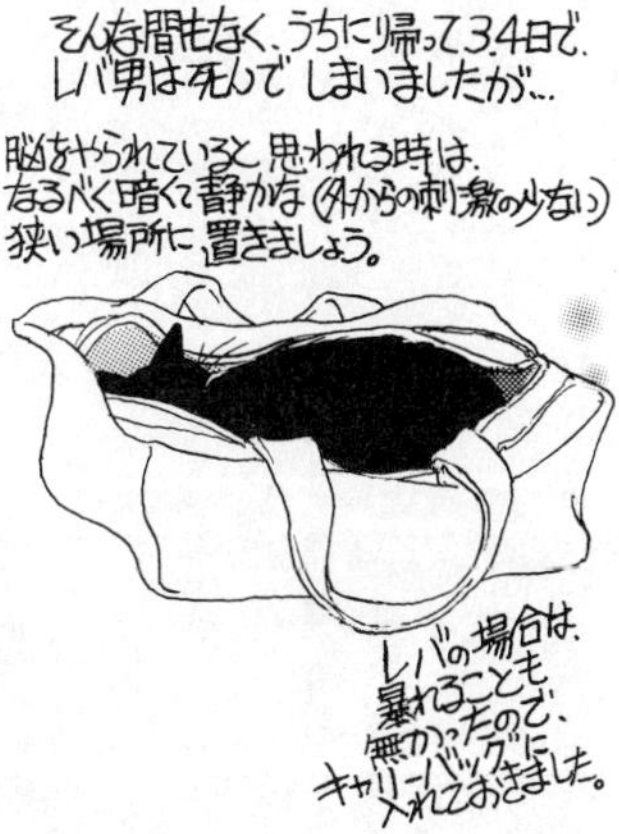
そんな間もなく、うちに帰って3.4日で、
レバ男は死んでしまいましたが…
脳をやられていると思われる時は、
なるべく暗くて静かな（外からの刺激の少ない）
狭い場所に置きましょう。
レバの場合は、暴れることも無かったので、キャリーバッグに入れておきました。

院長vs.シロミの

今回、ヘビーな内容だったので、お口直しの（?）ウンコネタ〜

聞くに耐えない！
D院長語録

- 「うわ！ 爪にウンコ入っちまった！ これから寿司食いに行くのに！」
- 「うわ！ きったね?! 腕にウンコ付いた！
  オレは指以外にウンコ付くのが許せねーんだ！」
- 「もしもオレが焼けただれた死体で見つかっても、
  この人差し指さえ残れば、誰だか分かるだろうな」
- 「シロミのけつで人差し指、ふやけちまったよ！」

もちろん、スタッフ一同スルー
シロミのカルテそこー?
ガウッ
院長
ガウガウ
うーん…そっちにあるはずー

その㉗――旅の途中

京都に住む友人夫妻が、長年連れそった「道くん」の死を乗り越えて、若猫「元ちゃん」を迎え入れました。その元ちゃんと大の仲良しになった外猫の「太郎くん」。

友人は太郎くんを家に入れることも考えていましたが、そこに彼を貰っても良いという人が現れました。東京の杉並区に住む女性でした。彼女は太郎くんにひと目ぼれ、その日の内に東京に連れて帰りました。ところが、翌日彼女は太郎くんを逃がしてしまったのです。電話でその話を聞き、私は「うわ～!!」と、頭をかかえました。

99・99％太郎くんは戻らないでしょう。生まれ育った京都での優雅な外猫暮らしが、いきなりキャリーに詰め込まれ、東京に連れて来られたのです。その女性は単なる〝運送屋〟に過ぎず、太郎くんにとってこれは〝拉致〟以外の何物でもありません。拉致された先の見知らぬ某国で、突然放り出されたのと、まったく状況は同じです。

その女性は、これまでも猫を飼ったことはあるそうですが、「まず1週間以上はケージか1室に閉じ込めとくのが基本だろう！その人アホか!?」と、思わず言ってしまいました。しかし今一番ツラ

田端に引っ越してすぐのことです。
もちろん両親は、引っ越し慣れしていたので、オニーテは
押し入れに閉じ込めていたのですが…
あ!!
ヒュッ!!
「オニーテに会いたい!」が頭にあると、
会いたい→開ける→逃げる…―が、脳内で結びつかないんですよね。んも～…「子供って!!」

イ思いでいるのは友人ですし、私も子供の頃同じような過ちを犯したことがあるので、それ以上は聞いていません。

太郎くんの〝ノラ〟としての生涯が始まります。せめてこれから春に向かう季節だったら良かったのに……。太郎くんがこの冬を生き延びる可能性は50%を下回るでしょう。

しかし、必ずしも太郎くんが不幸になるとは限りません。女性の家は杉並区の名所、大きな池のある公園の隣だそうです。エサをくれる人も多いことでしょう。太郎くんの運と才量次第では、どこかの家の安定した外猫や、飼い猫になる可能性だってあるかも知れません。それでも太郎くんは、きっと少しずつ〝西〟へ向かって歩き出します。

避暑先の別荘地、軽井沢で逃げ出し、7ヶ月かけて東京の自宅まで戻ったという、奇跡のような猫の話を聞いたことがあります。京都までおよそ600キロ。1日数百メートル移動したとして約3年。

途中居心地の良い土地があれば、何ヶ月も留まったり、その地で〝彼女〟と出会って何年か過ごしたり……。そうしていつしか京都のことなど忘れてしまうのでしょう。

思えば人生だって、同じ様なものなのかも知れません。私たちだって、いつも旅の途中なのです。

過去の過ち…

P.56でも書きました、赤トラの「オニーテ」です。当時、東京の御徒町→谷中→田端と、1、2年ごとに引っ越していました。子供だったので（私が幼稚園～小学校2年生位）、すごく長い間一緒に過ごした気がしますが、今思えば、ほんの3、4年のことでした。

間違いなく、
あると思います!!
よく、「猫は土地に付く」と言われますが、
犬のように、人に付かない分、
また、集団で行動しない分、逆に
放浪傾向も大きいと思いますが…
「チュクチュク坊っちゃん」と
呼んでました
正確な柄は
覚えてないけど…
"ブサブチ系"
若猫でしょう。
落ち着きナシ!

猫の帰巣本能

20年以上前のことです。ある日、勝手口を開けると、初めて見るトラブチ猫(♂)がいました。トラブチは、あたり前のようにスルッと勝手口から入って来ると、うちのコたちのごはんを食べつくしました。そして、あきれて見ていた私のひざの上に乗ると、私の手の平を「チュクチュク」と吸い始めたのです。当時のうちの猫たちも、あきれて遠まきにながめているだけでした。ひとしきり「チュクチュク」して満足すると、彼はまたスルッと勝手口から出て行きました。

翌日もまた、彼は当然のように入って来ては食べ、「チュクチュク」して甘え終わると出て行きます。うちに住み着きたいのかというとそうでもなく、満足すれば自分から出て行くのです。それだけなら、まったくかまわないのですが、独占欲が強いのか他の猫をこっぴどくいじめるのです。それは外猫ばかりでなく、うちの猫たちにも及びました。「おまえは仁義というものを知らんのかい!」と叱っても、いじめはエスカレートするばかりで、うちの猫たちもピリピリしています。このままでは、我家の誰かが家出しかねません。

陶
チュク
酔
チュ
ク
チュク
その時には
ほとんどの猫が
『モミモミ』も、
これは早くに、おっぱいから離された猫に
多く見られる癖です。
人間の爪噛みや"指しゃぶり"みたいなもの

ほとほと困りはてて出した結論が、「ヤツを捨ててこよう！」というものでした。今考えればかなり乱暴ですが、元々この辺の猫ではないようだし、人間に対しては非常に懐っこいのだから、飼われる可能性も高いでしょう。とりあえず食いっぱぐれのないように、繁華街と“谷・根・千”などの下町にはさまれていて、ノラ猫たちも豊富にエサが貰える、上野公園・不忍池のほとりに彼を捨ててきたのです。

それから6日目のことでした。私は目を疑いました。勝手口を開けると、そこには捨ててきたはずの「チュクチュク坊っちゃん」が座っていたのです。上野公園から我家まで、直線距離でも数キロ。途中大きな通りも渡らなければならないはずです。かなりのスピードで効率良く、一直線にここを目指して帰って来た計算になります。それも、なんで滞在わずか2週間余でしかないこの家に？

その㉘——闇に還る

「クロイヤツ（たぶん♂）」が、軒下の〝猫箱〟に入居して丸2年。Y家のミューやピューに脅されても無視。流れ雄ノラの挑発にも決して乗りません。雌猫にも興味ナシ。ただひたすら自分の居場所だけを死守してきました。さすがのY家チンピラどももスルー。我家の〝女子〟たちや軒下同居人のテンちゃんも、あたかも彼が存在していないかのように振る舞っています。クロイヤツは、人間に対しても何も要求しません。お腹がすいた・甘えたい・暑い・寒い——彼の鳴き声すら一度として聞いたことがありません。つまり、まったく猫としてのサインを発しなければ、他猫や人間から愛されもしない代わりに、決して攻撃を受けることも無いのです。

このテの〝サバイバル術〟を身に付けた猫には、初めて出会いました。ただ箱の暗がりにうずくまる黒い影と、暗闇にキラッと鋭く光る2つの目だけが、彼の存在の証です。

そしてそれは、本当に突然にやってきました。11月も終わりの頃でした。

クロイヤツは、いつもの箱の暗がりで、ぐっすり眠っていました。彼はどうも耳が遠いらしく、庭の道具で物音を立てても、気付かず

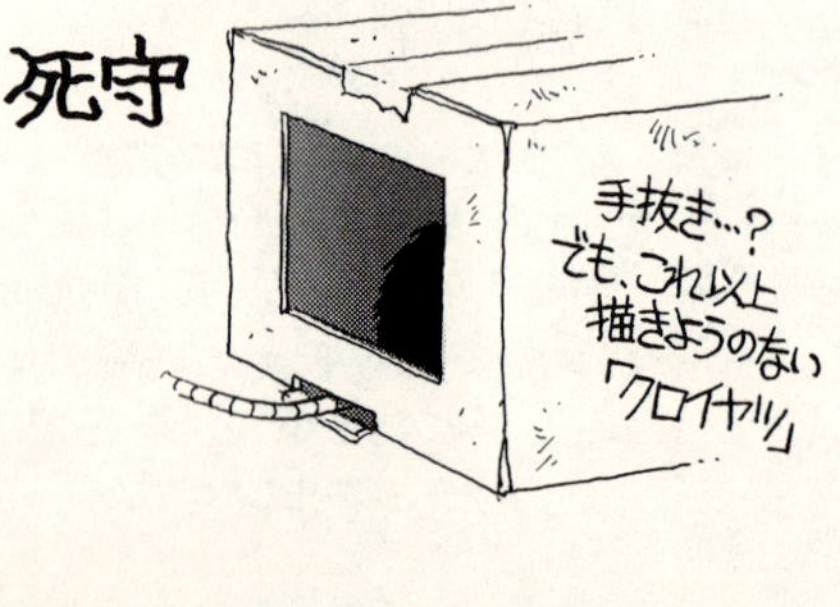

眠っているのは、よくあることです。
夕方買い物帰りに、チラッと箱の方を見ても、彼はまだ同じ形で寝ていました。夜8時頃、ちょっとイヤな予感がして、「まっさかねー……」と懐中電灯を持ち、箱の中を覗き込みました。恐る恐るクロイヤツに触れてみました。本当にその瞬間まで、むしろ彼がびっくりして飛び起き、逃げ去って帰らないことを恐れ、触るのをためらったほど、本当に信じられませんでした。クロイヤツの体は、すでに硬くなっていました。

愕然としました。「私が油断して何かを見落としていたのか!?」、ここ数日のことを思い返してみました。確かに黄色い鼻水は出していたものの食べてはいたし、食欲が落ちるようなら、エサに薬混ぜなきゃなー程度のことしか思い当たりません。クロイヤツは自らの死の予兆さえも、人間には見せなかったのです。「まいった」という敗北感と同時に、猫という存在への畏怖すら覚えました。いかに家畜化されようとも、猫の本質は〝大いなる闇の獣〟なのです。

さて……丸1日しっかりホットマットで温めてしまった亡骸をこれ以上置いておくわけにはいかず、明け方を待って隣の墓地に埋めに行きました。空が白み始めたとはいえ、穴の中は漆黒の闇です。その中にただ〝黒い物〟を置き、静かに土をかけました。

訃報の手紙

夏場には、ちょくちょくおじゃましていたクロイヤツを「カワイイ」と言ってくれた、Y家のK子さんに訃報の手紙を書きました。K子さんは手紙を読んで「私ちょっと泣きました」と、おっしゃいました。実は私も意外なほどポッカリ穴があいたようで、グスグスと涙しました。ここに来るまでに、どんな猫生を送ってきたのかは知るよしもありませんが、最後の2年間を寝食の心配もなく穏やかに暮らし、少なくとも2人の人間が、クロイヤツのために泣いたのです。けっこう幸せな生涯だったと言えるのではないでしょうか。

ノラ猫・よそ猫　友好度サイン

これは、まず人間の方から
やってみるのが、効果大です。
ジ〜ッと目を見続けるのは厳禁！
（ことに犬・猿に対しては）
「ガン」飛ばしてるのと、
まったく同じこと。

レベル1	ゆっくり静かにまばたきをする。 （時に目をつぶりながら、首だけ横を向く）
レベル2	あくびをする。
レベル3	あくびをしながら伸びをする。
レベル4	ゴロンと横になって、お腹を見せる。

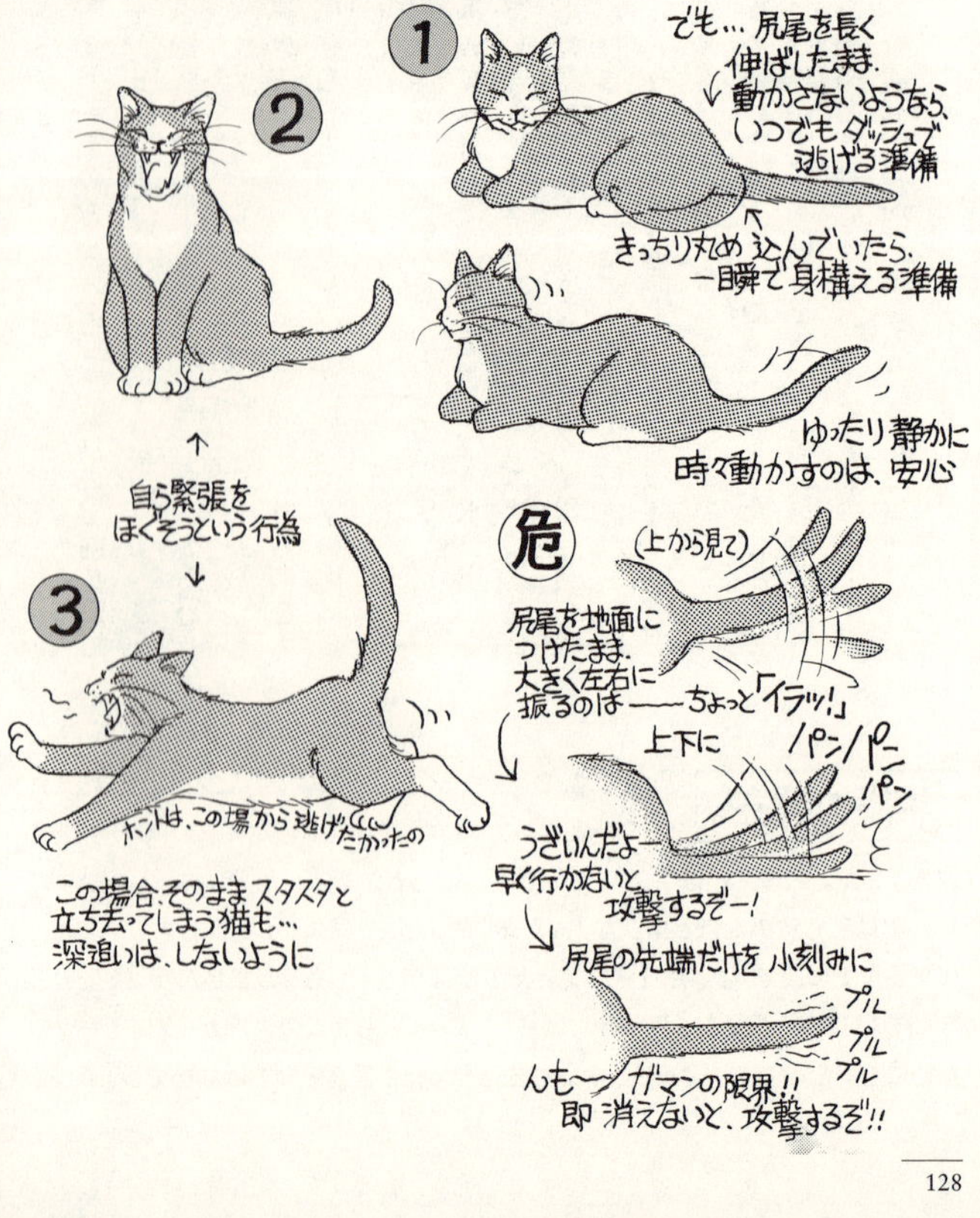

じゃあ、もう絶対安全かと言うと…
触ったとたんに、いきなり
蹴り蹴りの、ガジガジに噛まれ
たりすることも、まれにあります。

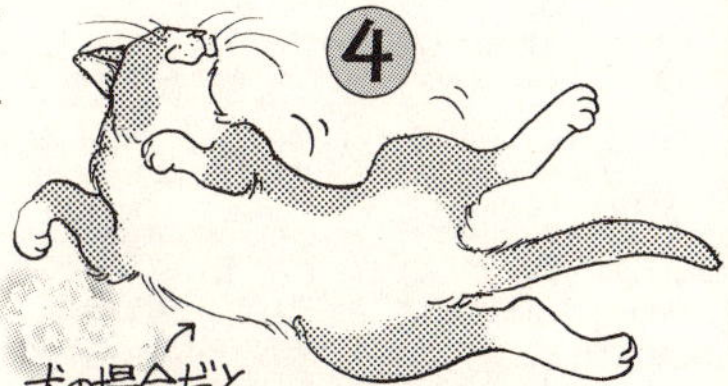

クロイヤツは、ついにレベル1止まり

しかも、かなり固まった感じで…

犬の場合だと
「あなたに完全服従よ♡」のポーズ
なのですが、ネコ科にとってこれは
最終攻撃態勢でもあるのです。

ちょいおバカなヒメ子は、

やみくもに
突進して
毎度玉砕!!

シロミのマイブーム

「メジロの観察」

冬場は
りんごを
つけてます

な～んてことを考えながら
行動に移せず、
ただ見てるだけ

獲物を狙う時、
健常な猫の場合
左右にゆらゆらと
振るのですが、
シロミは
これが限界…

かつて本当にメジロを捕れたのは、伝説の黒猫
「タン平」だけでした。(しかも食べちゃいました～～)

その㉙——花と散る

2回連続の訃報です。

Y家のチンピラ「ピー♂」が、急死しました。ふと気付けば、数日間姿を見ていませんでした。鼻水を出してたし、寒い日が続いていたから、家の中に回収されているんだろう。粋がってても、やっぱ坊っちゃんだな。

ピーは、あたり前のようにうちに入ってきては、所かまわずマーキングをするのが困りものだったので、「ヤレヤレ、平和ぢゃ」としか思っていませんでした。

そこに、突然ポストにY家のK子さんから、ピーの訃報を知らせる手紙が届きました。「そんなバカな！」、もしも病気だったら、シロミの通院で「D動物病院」に行った時、特徴ある鳴き声で、ピーが入院しているのが分かるはずです。まさか事故？　しかし、悲しみのただ中のK子さんに尋ねるのもはばかられ、「D動物病院」で死因を聞きました。ケンカ傷が原因で、胸に膿がたまってしまった急性膿胸だったそうです。ピーは今回の入院中、声も出せないほどの重症だったのです。

名物猫の1匹を失った「D動物病院」にも、静かな喪失感が漂

残る役者は…

この3ヶ月間で、"前田吟(クロイヤツ)""川谷拓三(ピー)"の2大名優を失い、寂しい限りです。

っていました。「あ！　この声、またピー入ってるの？」「そ！　ケンカ、しょーもねー」などと、ピーネタで軽口を言い合うことも、もう無いのです。

ピーにとっては、我家の〝女子〟たちはオレの物。オレがこの家を守ってやってるんだ！　のつもりで、私の枕で寝ているなんてよくあること。女子たちも見て見ぬふりで、あきらめ顔でした。しかし母の入院中に届いた、まだ未使用のレンタルの介護用ベッドに、長々と寝そべっていたのには、さすがにア然としました。外に放り出すにも大雨の日だったので、プラスチックのキャリーに押し込め、手描きの「のし紙」を付けて、Y家の軒下に置いてきました。翌日K子さんからの、ごていねいな〝詫び状〟と共に、猫缶入りのキャリーが返却されていました。

「困ったヤツだ！」「アホだねー！」と、言われることで、ピーは皆の間の潤滑油の役割を果たしていたのです。

女にゃめっぽう弱くて、お母ちゃんには頭が上がらず、お姐ちゃんに言い寄ってはビンタをくらい、弱いくせしてケンカを売っては、ボコボコにやられていつでも傷だらけ。見た目は悪いが、愛敬だけが取り得のお人好し。最後は刺されて路上で息絶える（故・川谷拓三さん演じる？）東映やくざ映画のチンピラ兄ちゃん。

そんなピーの生涯でした。

よそ者の流入

ピーの死によって、一気によそ者が横行するようになりました。ほとんどが雌を求めて徘徊する若い雄なので、全員避妊済み"女ひでり"のこの辺では、エサは食べて行くものの、居着くことはありません。

何せうちの庭の暖房室外機の上に陣取って
「猫穴」の真上から見張っていたのだからかなわない
ピー
冬はコレ暖かいし
猫穴

それでも"常連さん"できました
通称「かおでかっ」
顔が全体の1/3はあろうかと…
人間に対しては臆病だけど、毎日しっかり大量に食べて行きます。
2階の窓から侵入して、うちのコのごはんを平らげることも…
気の強い「ササミ」に見つかると、こっぴどく怒られます。

キャアアア〜!!
バシ!
バシ!!バシ!

ミューは、誰にでもガンはとばすものの
実戦に至ることは、ほとんどナシ!
"口だけチンピラ"
実は もうけっこうトシなんです。
12、3才かな?

私 女優よ！

オ〜マイガ〜ッ!

2月末のある日、不吉な地響きで目が覚めました。「もしや……まさか!?」と、庭の塀の上から墓地を覗き込むと……ナ、ナント！ 掘っているではありませんか！ 歴代の外猫たちが眠る地面をミニ・ユンボで！ 隣のお寺は、江戸時代からのお墓も残る名刹ですが、近年縁故の絶えた墓地をどんどん整理して、新しい墓地として売り出しているのです。そろそろこの辺も危ないなーとは思ってはいたのですが青ざめました。２年以上前に埋めた「チョビマ」や「ウリ」は、もう土に還っているでしょう……が！ 昨年11月末に埋めた「クロイヤツ」は!? 寒い冬だったし、もしやボロぞうきんのような亡骸が掘り起こされたりして……！『夜中の内に掘り返してヨソに埋める・墓石屋を拝み倒して後回しにしてもらう・ユンボを盗んで隠す』……などなど、あらゆる考えが頭の中を駆け巡りましたが……。

その㉚——無法地帯

　Ｙ家のチンピラ「ピー♂」が急死して2ヶ月半。一気にヨソ者どもが流入してきました。Ｐ．１３２で紹介した「かおでかっ」などは、今や押されて影も薄い方。家出猫なのか鈴を付けた白黒鉢割れ柄の「チリ男♂（しかも玉ナシ）」は初顔の新入りです。サバ白柄の「坊っちゃん♂」は数年前から２００メートルほど離れた中学校周辺を縄張りとしてきましたが、Ｙ家の〝チンピラの壁〟崩壊とともに、ついにここまで進出してきました。坊っちゃんは体格も良く、女・子供には決して手を出さない器の大きいボスタイプです。一方チリ男は、お婆ちゃん猫のテンちゃんは脅すわ、うちのヒメ子を家の中まで追い詰めにくるわ、仁義知らずのド・チンピラです。現在この2匹が〝ショバ争い〟で、一歩も譲らず激しくぶつかり合っています。この辺には本物の〝雌〟はいないので、安定したエサ場を巡っての抗争です。しかしまりのうるささに、水をぶっかけることもしばしばです。しかし今、最も恐怖の流れ猫……それは「カイセンどん（たぶん♂）」なのです。

　カイセンどんは疥癬にかかっています。それも重度の！　頭部は完全に禿げ上がり、皮膚は肥厚しシワだらけ。元は毛が密な、長毛気味の黒々とした大きな黒トラだった（らしい）ので、コンドルのようです。初めて彼を玄関先で見た瞬間「ヤバッ！」と思いました。猫疥癬は、「ショウセンコウヒゼンダニ」の感染によって起こります。感染力は強く、猫ばかりでなく人間にも移ります。カイセンどんは、エサは食べるものの「シャー！　シャー！」と人を寄せつけず、食べればすぐに姿を消します。健康で清潔な住環境を保てる家猫なら重症化することはまれだし、初めて見る流れ雄だから、その内姿を消すだろうと、しばらくは様子を見ることにしました。

　それから2、3日後のことです。外出から帰って2階へ上がると、どうもうちの女子たちの様子が不穏なのです。窓際やベッドの下で固まっています。何か異常は……と、あっちこっち調べて回っていた時です。突然私の部屋の押し入れの中から、カイセンどんが飛び出して来ました。押し入れはヒメ子が入って寝るのが好きなので、いつも少し開けてあるのです。カイセンどんは勢いよく階段を駆け下りると、玄関から逃げて行きました。

　開いた口がふさがりませんでした。どうも最近チリチリ・プツプツ体が痒かったのは、これだったのか！……納得……してる場合かっ!!

恐怖のカイセンどん
臆病なくせに、平気で家に
上がり込みます…。
雄猫に脅されると
「かくまってくれ！」と、キッチンの
テーブルの下に隠れたり、
留守中、私のベッドで寝てた
ことも〜〜
もちろん、シーツ替えて、コロコロ
かけて大騒ぎでした。
ここまで毛無し
目つき悪っ！
たとえ毛があっても
かなりのご面相
大食漢で、
1度に小缶詰4個
ナマリ数片、
カリカリをカップ
1杯ほどをペロリと
平らげていきます。
黒々としたゴージャスな毛並みなのに…残念！

疥癬対策

我家のように“お出入り自由”だと、外猫の侵入を防ぐのは不可能です。さて、どうしたものか……。解決策はただ1つ！「カイセンどん」の疥癬を治しちゃうしかありません。現在は、注射や滴下剤1発で、ほぼ100%疥癬ダニは退治できるので、飼い猫の場合はさほど心配はありません。しかし「カイセンどん」には、触ることも近付くことも難しいのです。そこで、効果は劣るものの、飲ませるタイプの薬を試しています（現在進行中）。エサに混ぜて、1週間に1度、1ヶ月間続けるそうです。

“穿孔ヒゼンダニ”

——という名の通り、皮膚に孔を掘って、潜り込むダニです。

このダニは、猫の体から落ちたら長く生きられる種類のダニではないので、人間の皮膚に“穿孔”することはありません。でも“行きがけの駄賃”で噛まれます！ 皮膚の弱い人はアレルギーを起こしたりして、ひどい目にあいます。

20年ほど前「サンキチ3」が、
疥癬ダニを持ち込み、私と父が、お腹回りブツブツになりました。
これには、硫黄系入浴剤の薬浴が効果があります。
とある古典的入浴剤が、最も効果的だったのですが…
現在コレを買いに行くと、まず硫化水素自殺を
疑われます…

コレが原因で、現在発売中止に
なっているそうです。(編情報)
無ければ「草津の湯」などの
湯の花系でも。

流れ者たち

「チリ男」緑の首輪に
丸い鈴をつけてます。
Y家のミューの上を行く
チンピラです!
心当たりの
飼い主いたら、
引き取ってくれ～!!

時々、
ビビりな感じの
赤トラも
現れます。
コソコソッと、
食べて
消えます。

「坊っちゃん」
中学校周辺の、
すべての雌は
オレのモノ!―な"猫望"
厚いボス猫です。
5才を超えて、これだけ
りっぱな体格なのは、うち以外にも、
安定したパトロンを持っているはず。

シロミ 向こう気が強いので、とりあえず
ヨソ者には"一言"言いに出ます。
そして、2度もお尻に引っかき傷を負って
きました～(たぶん「チリ男」)。
"敵に後ろを見せる"なんて!

その㉛——一幕の終焉

6月頭のことです。うちの「ササミ♀」が後脚を噛まれて入院しました。〝犯猫〟は明白です。P.134で紹介した流れド・チンピラ「チリ男♂」です。

時を同じくして、最後のお婆ちゃん軒猫の「テンちゃん」も噛まれました。〝猫箱〟の中に居たところを正面から追い詰められ、襲われたのです。テンちゃんは丸1日帰らず、心配して捜したりしたのですが、翌日戻った時には、前脚に深手を負っていました。テンちゃんは16、7才になります。以前から多飲多尿だったので、腎機能が低下しているのは分かっていましたが、見る間に食欲が落ち、水しか受け付けなくなり、やせ細り弱ってきました。化膿した噛み傷が原因で、急激な腎不全が起きたものと思われます。テンちゃんの命の火が消えようとしていました。

迷いました。ここで弱ったテンちゃんを捕まえて、動物病院に連れて行くのはたやすいことです。しかしテンちゃんは、家に上がってくつろいでいても、人間を1メートル以内には近付けず、決して触らせることのない筋金入りの外猫です。動物病院に連れて行くのは、宇宙人にさらわれて、UFOに連れ込まれ、実験されるのに等

けっこうコワイ
ハンニャ顔
今から13年前、一念発起して
スタートした、すべての♀猫避妊
による"外猫0計画"
これが"ゴール"のはず
だったのに…
さびしい限りです。
入れ替わりの激しい
ヤローどもに
エサをやるだけの
日々は、ムナシイ…
「カイセンどん」
は、すでに脱落!

しい恐怖でしょう。ここはテンちゃんの生命力に、わずかな望みをかけて見守るしかありませんでした。

傷を受けてから10日後、テンちゃんは姿を消しました。外猫らしく死に場所を求めて出て行ったのでしょう。すべての元凶チリ男がいたので、「お前のせいでササミは入院だし、テンちゃんは死んじゃったじゃないか！　どうしてくれるんだよう」と、転がしてなで回し、いたぶっていたところ（チリ男は元飼い猫だったので、案外平気で人間に触らせるのです）、今度は私がやられました。

猫に嚙まれた時「イタッ！」と手を引くと、重傷になります。じっとしていれば、臆病なノラは、すぐに口を離すはず……なのですが、なまじ人間を知っているチリ男は、私の左手を足でかかえ込んだまま、ガジガジと嚙み続けました。手は肘までパンパンに腫れ上がり、病院に行くハメになりました。

翌日テンちゃんは見つかりました。奥の客間の外壁と靴脱ぎ石の間、いつもテンちゃんがトイレにしていた場所で死んでいました。

この手では墓掘りもできないので、近所のペット葬儀社で火葬にしてもらいました。

テンちゃんは、お骨になって帰ってきました。

かくして30年にも及ぶ〝外猫ライフ〟は、完全に幕を閉じたのです。

テンちゃん　うちの「フランシス子」と、ほぼ同年生まれか、ちょっと前からいた気がするので、+1才で享年17才としておきます。家に入ってくるようになって2年。数年前から軒下の“猫箱”に暮らし、さらに昔は雪の夜など、Y家の軒下で寒さをしのいでいました。我家から半径数十メートルを出ることがなかった、本当に最後の地元猫でした。

心のすき間に…

テンちゃんのお骨は、しばらくの間、玄関正面の飾り棚の上に置いておきました（いいんです！ どうせ“風水無縁”の家ですから）。その2日後、万能助っ人「ガンちゃん」が、“出勤”してくるなり「あれ？　テンちゃん！　そうかー帰ったのか？　そんななんなっちゃって？……」と、しきりに語りかけているのが聞こえました。仕事を終えてのコーヒータイム。「テンちゃん、庭の靴脱ぎ石のとこで見つけたの。墓掘りできないし、あそこの移動火葬車で、お骨にしてもらったんだ」。その話をガンちゃんは、ポカンとした顔で聞いていました。そして、「それじゃさっきオレが見てたのは、誰だったんだー!?」と、廊下に飛び出していきました。ガンちゃんはその時初めてお骨の存在に気付きました。私はガンちゃんが、お骨に話しかけているとばかり思っていましたが、ガンちゃんは、父の書斎の前の廊下、いつもの場所の痩せこけたテンちゃんと話していたのでした。

お盆だし…
いつもの場所にいる
最後の頃のテンちゃん
きっとガンちゃんが
見たのは、この姿
でも、ちゃんとこの家を我家と思って
帰ってきてくれたんだー…と
うれしくて、涙が出ました

亡くした犬や猫に、夢でもいいから「会いたい！ 会いたい！」と切に願っている間は 案外ダメなもので、ふと気がゆるんだ、日常の心のすき間で、こんな風に姿を見るのかも知れません。

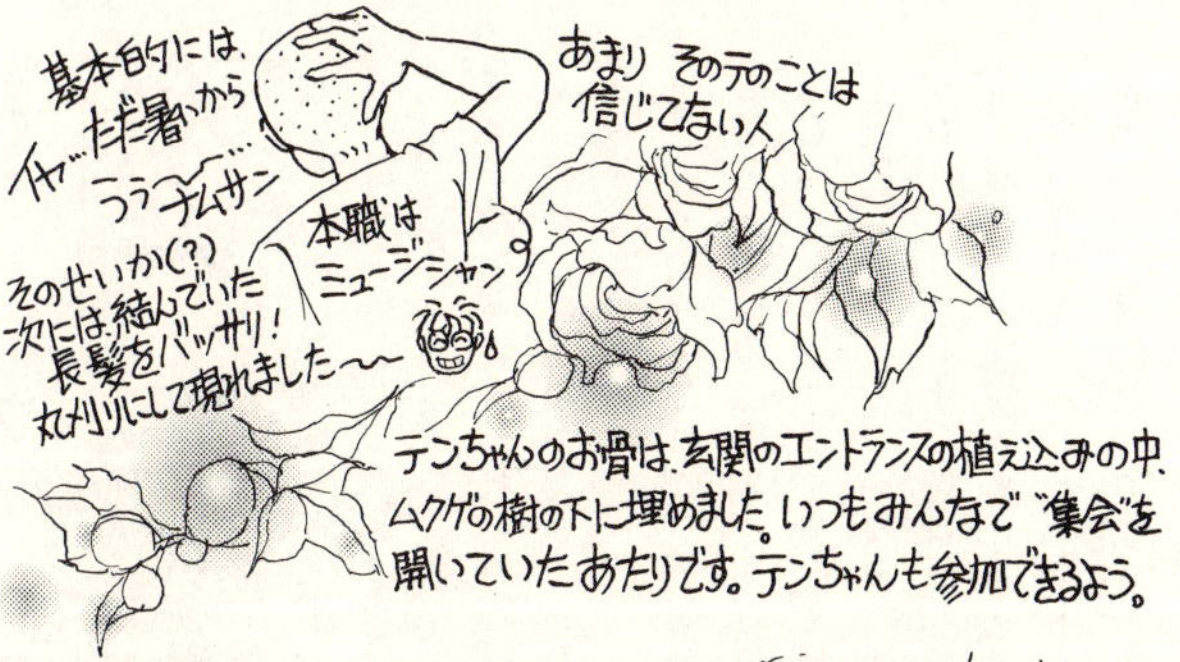

応急処置

猫でも犬でも、キビシク噛まれた場合、即座に塩素系漂白剤を入れた水（二十数倍希釈）の中で、傷口をギュウギュウと絞ります。2、3分やったら、さらに流水でギュウギュウ絞ります。

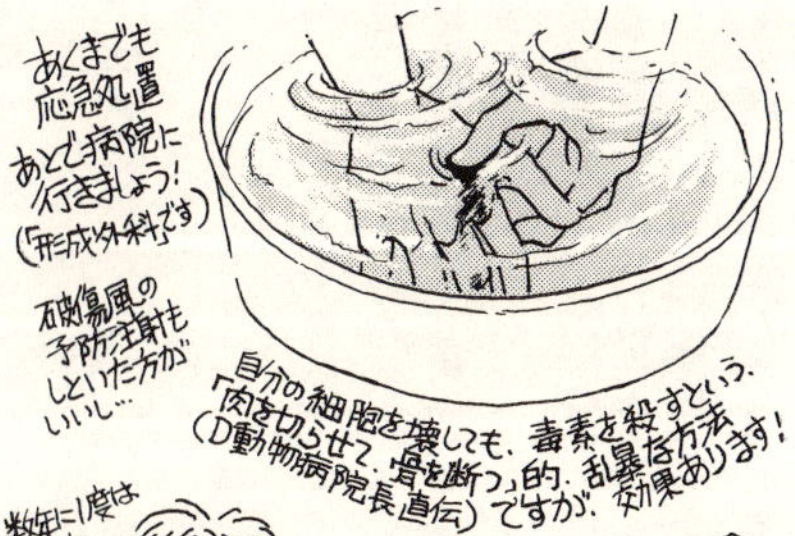

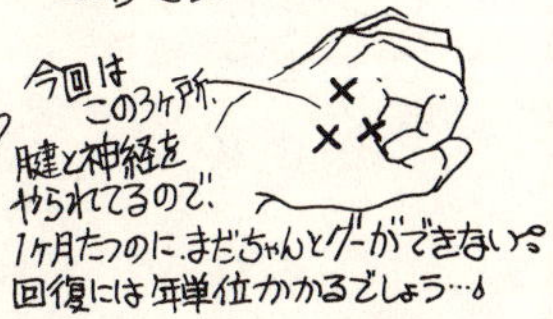

次期軒猫候補？

実は、最有力候補が、すべての元凶「チリ男」なのです。噛まれても動じず、変わりなく接する私に一目置いてか、最近はうちのコたちにも、一歩引いてる感じです。

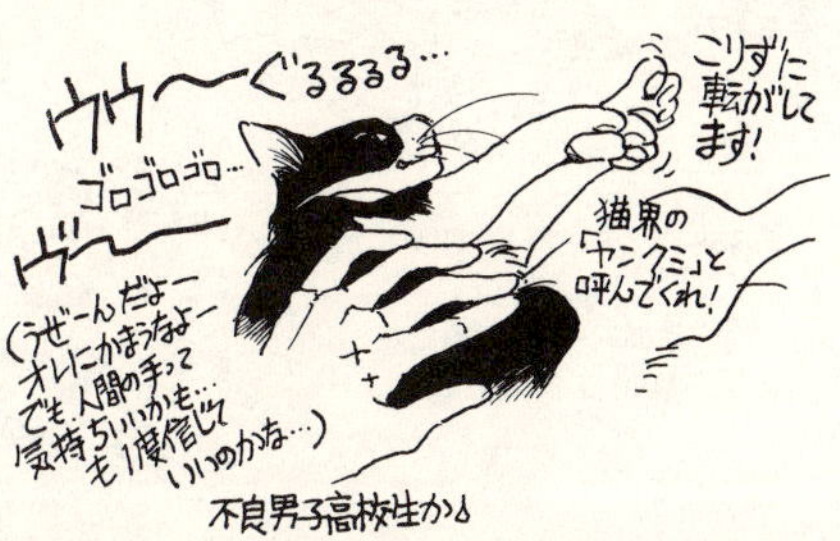

その㉜——ホワイトハウス

お気楽外箱暮らし

この原稿を書いている現在も、東京地方は35℃以上の猛暑日の記録更新中です。

思えば6月、最後の外猫テンちゃんの死や、私がチリ男に噛まれた時が夏の始まりでした。私事を言えば、母がまた大腿骨骨折（ごていねいに昨年夏は左足、今年は右足）で救急車で運ばれ、入院・手術と長い長い夏です。齢をとるにつれ、時が経つのが早くなるのに、これほど長く感じるとは「めでたいことぢゃ！」などと、ヤケクソに思ったりもします。

さて……今年2月に、Y家のピーが死んでからというもの、今も雄どもの抗争は続き、あれほど息巻いていたミューなどは見る影も無く、コソコソと食べては退散。ほぼチリ男が、我家の周辺を制圧しています。時々ヨソ者と激しくぶつかり合い、毛玉は転がり、チリ男も生爪をはがして流血と、もう我家の女子たちも私も、あきれて傍観するしかありません。「D動物病院」でも「ピーの力は偉大だったんだねー……」「正に〝必要悪〟ってヤツだねー」と、話題に上ります。その話を飼い主だったK子さんにすると「イヤ!? 〝悪〟と言わないで。カワイイ子だったのよ」と、

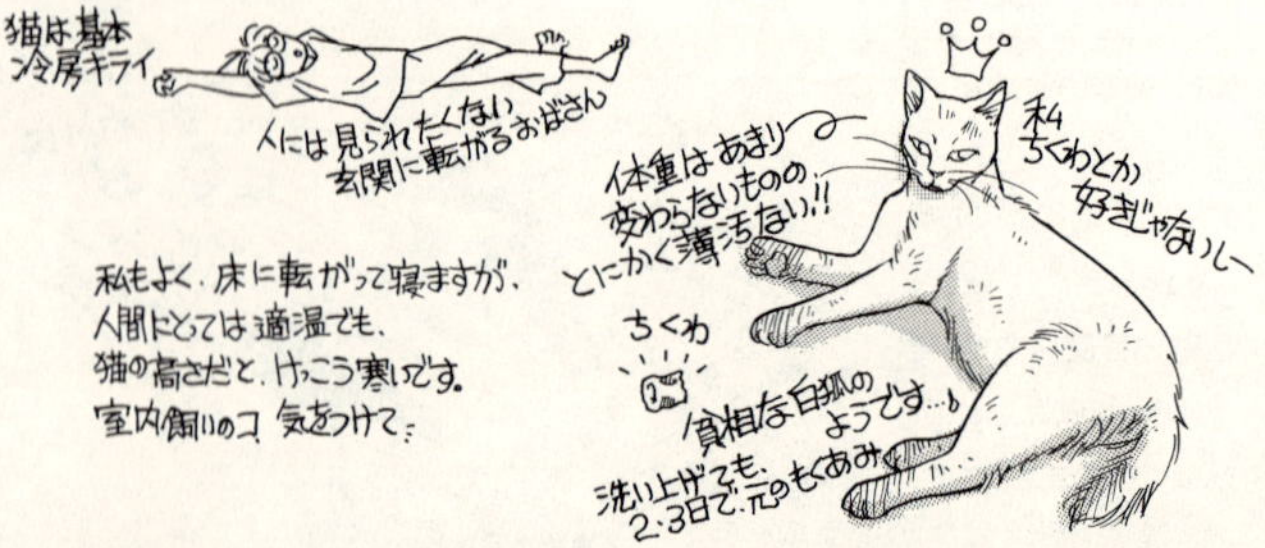
猫は基本
冷房キライ
人には見られたくない
玄関に転がるおばさん
私もよく、床に転がって寝ますが、
人間にとっては適温でも、
猫の高さだと、けっこう寒いです。
室内飼いのコ、気をつけて…
体重はあまり
変わらないものの
とにかく薄汚ない!!
私
ちくわとか
好きじゃないし〜
ちくわ
貧相な白狐の
ようです…♪
洗い上げても、
2・3日で、元のもくあみ

嘆かれます。ピーはつまりは〝傘〟というヤツだったのか……。守ってやる代わりに人のうちで食っては、しっこをかけて行く、という〝猫界の警察〟を失ったとたん、周辺のこざかしい国々が領土を広げようとしては紛争を繰り広げる「パワーゲーム」の構図を目のあたりにするようです。

一方〝開発難民〟の流入が懸念されています。元々は大通りの向こう側に暮らしていた外猫たちが、2年ほど前マンションの建設で、エサをもらっていた家を失い、こちら側に移住して来たのです。今年、黒いお母さんと娘のミケの子供7匹がデビューしました。あまりの仔猫の数に、思わず噴き出してしまいました。キョーフの子育て上手家系です。1匹は交通事故で死に、現在子供6匹、母2匹の計8匹に、通り沿いのKさんとSさんがエサをやっているのですが、何せお二方ともお年寄りです。入院で長期家を空けることも多いし、近い将来お寺の塀と大通りに挟まれたこの家々を取り壊し、マンションを建設しようという計画もあると聞きました。

「うちの方へ来てもいいんだよ」と、難民たちに言ってはみるものの、今夜も我家の前の道路のど真ん中には、最強最悪の脅威「シロミ」という〝ホワイトハウス〟が鎮座しています。難民たちの安住の地はどこに!?

なさけない…

ある夜、母の入院先の病院から帰って来ると、いつも通り道路のど真ん中で寝そべっていたシロミが私の姿を見るや、お迎えに近付いて来ました。見るとシロミがいた辺りに、コンビニおでんと覚しきちくわが1片転がっていました。特に暑かったこの夏、冷房嫌いのシロミは、ほとんどの時間を外で過ごしていました。薄汚れたかわいそうなノラちゃんにと、通りすがりの人からいただいた物でしょう……。

チリ男改めトッポ

ふと気付けば、ここ数日チリ男の姿を見ていませんでした。どこかに遠征に出ているんだろうとは思いましたが、交通事故も心配だし、あの血気盛んな様子を見ると、ケンカを売って返り討ちとか——。だいたい、チリ男は「猫伝染性白血病」のキャリアだと思われます。深手を負ったら致命傷にもなりかねません。やっかい者ですが、いなくなるとちょっと不安です。正にその時、チリ男が家に入って来ました。またたび付きの爪研ぎでスリスリを始めたので、ホッとして見ていると「エ、エ〜!? チリ男の首輪の色が変わってる!」。薄汚れた黄緑色だったのが、茶色に! 剝げた青色の鈴も、新しい銀色に、しかも首輪には「O・トッポ」という名前と、電話番号も!!

極悪
首の付け根を
触ってみて.
ここに、リンパ腺のグリグリとした
大きなしこりがあったら、
「猫伝染性白血病(FeLV)」を
疑ってみた方がよいです。
もちろん(特に片方だけの場合は)
耳下腺炎など、別の病気のケースも
あります。

早速翌日、その番号に電話をかけてみました。チリ男の本当の飼い主は、Oさん。60代後半と思われる女性でした。元々Oさんは、隣のお寺の向こう側に住んでいらしたそうですが、4ヶ月前そこから直線距離で300メートルほど離れた所に引っ越されたそうです。その時のどさくさで、チリ男は脱走してしまったのです。Oさんはチリ男を捜し続け、元のお宅の住所の友人から「見かけた」という連絡を受けては駆けつけていましたが見つからず……。たまたま数日前、偶然に出会ったところを袋に詰め込んで新居に連れ帰ったそうです。それでも再び出て行ってしまったと……。仕方ありません。チリ……イヤ、トッポにとってそこは“家”ではなく、この辺こそが生きてきた“シマ”なのですから。

その日の夕方Oさんは、ご友人と共に我家を訪れ、私はたくさんの猫缶やら果物までいただいてしまいました。「あのおとなしくて弱々しかったトッポが、筋骨たくましくなって、ボスの座を争っているなんて、よほど美味しい物をたくさんいただいているのでしょう」と、感謝されてしまい、さすがにチリ……イヤ、トッポのせいで1匹死んで、1匹は入院、私もガジガジに噛まれて重傷……なーんてことは、口に出せませんでした。Oさんは「これからもトッポをヨロシク」と、去って行かれました。「引き取ってくれ〜!」と、叫んでいたのに、全面的にお願いされてしまいました……トホホ〜!!

その㉝——約束の猫

「なんでこんな所にいるんだろう!?」。一瞬目を疑いました。

10月頭の夕方、買い物帰りのことです。その後、シロミの受診を控えている日だったので、急いで自転車を走らせていました。いきなり道端に仔猫がうずくまっているのが、目に飛び込んできました。一見して重症の鼻気管炎、目も鼻も塞がり衰弱し、放っておけば今夜中に死ぬだろうと判断できました。私は自転車を止めもせずに仔猫をすくい上げると、前カゴのレジ袋に突っ込んで帰りました。

仔猫がいた辺りのグループは、3才位のキジトラと、その子供の1才半位が2匹。そのまた下の代の5月生まれと思われる若猫が2、3匹といった構成です。おそらくこのチビは若猫たちのさらに下、8月末生まれの兄弟でしょう。でも初めて見る仔猫でした。この鼻気管炎の症状からして、同時に生まれた兄弟たちは、全滅したのでしょう。たかが〝猫カゼ〟ですが、ノラの仔猫の8割以上が、この病気で人の目に触れることなく、死んでいくのです。

それにしても、なんでこんな所に？　大通りと平行する裏道ですが、交通量はけっこう多い道路です。普通弱った動物は、なる

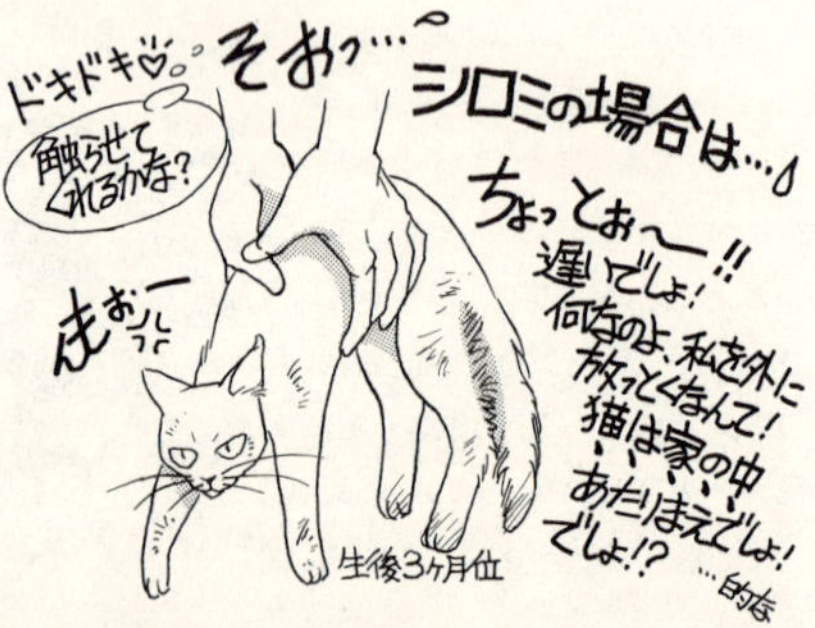

べく暗くて静かな場所に身を隠そうとします。それゆえ人目に触れずに死んでしまいます。保護しようとしても、最後の力を振りしぼって人の手の届かないすき間に逃げ込まれ、あきらめた経験は数知れません。しかし生粋のノラの中にも、まれにいるのです。「生き延びる最後の手段は人間に助けられること」と知ってか、あえて姿を見せる猫が。生まれながらに、人と暮らす才覚と運命を持った〝約束の猫〟です。

いつもなら「さて……この上玉、誰に押しつけてやろうかな……」と、算段するところなのですが、家に帰り着くまでの間に「これはうちの猫になる」と、確信していました。

3年前に、クロコという猫家族の中心を亡くし、今年6月にはテンちゃんが死に、外猫ライフも幕を閉じ、ポッカリと空いた穴を埋める〝何か〟を焦らず無理せず、でもなんとなく信じて待っていたような気がします。

家庭の物音に包まれて、暖かい部屋で安心しきって眠る仔猫を見ていると、涙が出てきます。それは飢えと寒さの中で、人知れず死んでいった兄弟たちへの涙です。

この強運な仔猫ができることは、ただ一つ〝生きること〟です。すべての〝約束の猫〟は、死んだ兄弟たちの分まで、幸せな猫として生きる責任を負っているのです。

ヒメ子の場合も

「なんでこんな所に!?」パターンでした。母猫が、仔猫4匹を引き連れて、100メートルほど離れたKさん宅と我家との間を行ったり来たりしていたのですが、ヒメ子は一番チビでトロくてビリッけつで、人間に触らせるなんてとんでもない、臆病猫でした。しかしなぜか事故にあった日には「助けてください」とばかりに1匹で、玄関脇の箱の中にうずくまっていたのです。

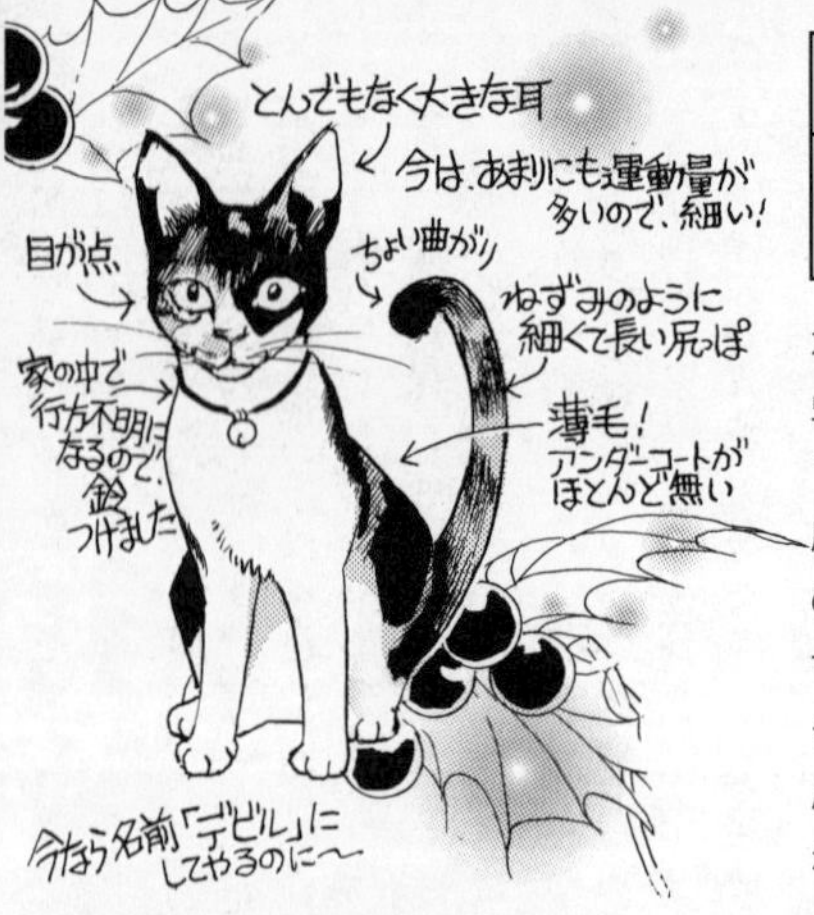

台風仔猫

命名「ユッケ♀」
（久々の"肉"シリーズ）

カゼが治って、ノミを退治し、回虫・条虫を下して元気になって1ヶ月半。ちょっとおもしろい風貌のコです。賢く（それも頭の回転が速い！）、すばしっこくて冒険心旺盛。家中を嵐のように引っかき回す、かなりのやんちゃです！ かつて見たことのない、小悪魔タイプです。

一番の被害者

「フランシス子」

ギャアアアアァ

訳:「やめてえぇ！かまわないでええぇ！
私、トラなんだから〜〜
放っといてえ〜〜!!」

鳴きわめき逃げ回るだけで、
決して反撃しないフランシス子は
かっこうの（一方的）遊び相手。
目に入れば、すぐさま"えじき"に…。

「ヒメ子」

すごい焼きもちやきで、私がユッケと遊んでいると、
ガマンできずに見に来てしまいます。
ちょっと一緒に遊んでみたい。けど、コワイ…。

ぐっすり眠っているとこを
かまってみました。でも、目もさまし
ませんでした〜。

「ササミ」
完全逃避！

押し入れに"引きこもり"
または、外出。
仔猫なんて「見なかったこと」にしています…。

D動物病院長の反応

前もって言っても、どうせ「ヤダよ！」と言われるだけなので、シロミと共に、黙って「はいコレ」と差し出しました。「ワ?! なんですかコレ!?」と、盛り上がるスタッフをよそに、院長は仔猫を見もせず、無言で指示を出していました。予想通りの反応に、私はほくそ笑んでいました。帰りぎわ、「どこで拾ったの？」と聞くので、「神社の前の道」（そこは閉院後に、院長が走るコースなのを知っていました）。「私が見つけなきゃ、院長が見つけてたんだよ」と言うと、「フフン！ オレ眼見えないもん」と、これまた予想通りの憎たらしい答えが返ってきました。

その34——何やってんだ？ オレ

11月末の深夜のことです。なじみの猫たちにエサをやりに行く途中、近所の駐車場に幼い猫の、親を呼ぶ声が響いていました。しかし、もう仔猫とも言えない、3、4ヶ月の若猫の声です。この年頃になると母猫は、わざと置き去りにして自立を促したりするので、「まあ、がんばって生きろよ」位にしか思っていませんでした。

しかし翌日の深夜も若猫の叫び声が聞こえます。大通りが近いので、昼間は車などの物音に紛れているのか、息をひそめているのか、夜中にしか聞こえません。しかも声は、昨夜とは違う方向から響いています。これは地上を移動しているんじゃない。どこかの屋上にいて、鳴く方向によって声が地面に反響して、あちこちから聞こえるんだ！ と気付きました。4日目、弱ってきているのか叫び声も途切れがちです。声の大きさや方向から、猫がいるのは、大通りと1本裏道に挟まれた、50メートル四方の区画に絞られました。その中で、猫が玄関からオートロックを通ることなく、外から直接屋上まで上れる構造の建物は2棟。その内、1棟は4階建てです。声の反響からして、猫はもっと高い位置にいるはずです。残る1棟は、大通りに面した10階建ての細長いマン

ション。昭和40～50年代に建てられた、エレベーター付きだけど、外階段もありのセキュリティー〝大甘〟な建物です。

エレベーターで上ってみると、9階止まりでした。屋上まで外階段あと半周の所に、頑丈な鉄格子の扉があり、鍵がかかっていました。鉄格子は猫なら楽々通り抜けられる幅です。しばらく耳を澄ませていると、います！　確かにその半階先の屋上で鳴いています。

さて……どうしたものか。管理人を調べて連絡を取り、同時に捕獲用ケージを仕掛ける。それでは猫が捕まるまでに、最短でも3日。その間雨でも降れば、弱った猫は死ぬでしょう。とにかく屋上の様子を見る。そして、ポケットの中の猫缶を置いてくるために、私は鉄格子をつかみ外階段の手すりを乗り越えました。建設中のスカイツリーが、手に取るように近くにきらめいています。

ここで手を滑らせたら、間違いなく新聞沙汰だな、ヘタすりゃ、ワイドショーに週刊誌だ。『××の長女で×××の姉、両親の介護疲れか⁉』とか……、深夜3時、不法侵入のマンションで、自分……何やってるんだ⁉　なぜ幾つになっても〝猫〟となると、オトナの選択ができないんだ！

屋上猫　屋上から下りられなくなった猫を救出するのは、初めてではありません。多くは3、4階建ての古いマンションで、昼間風通しのために玄関と屋上のドアを開放している間に、猫が冒険心から上ってしまい、住人が気付かずにドアを閉めてしまうケースがほとんどです。マンション飼いの猫が脱走した場合、“地上の味”を知っている猫以外は、たいてい階段を上へと逃げます。まずは屋上を疑ってみましょう。

さて…結末は

屋上猫は見覚えのある顔、すぐ真下にある中学校を拠点にしているグループの若猫でした。缶詰をやろうと、しばらく屋上を追い回している内に、ナ、ナント！ 自分から外階段の入り口に向かい下りて行くではありませんか！ 私は「しめた！」とばかりに、猫を下へと追い立てました。しかし猫は各階ごとの踊り場の手すりに据え付けられた植え込みの後ろに逃げ込み、そこから地上に飛び下りようとします。なんとか6階までは追い立てたのですが、これより低層階へ行ったら、本当にジャンプしかねません。私は思いっきり猫をつかみました。えり首をつかんだつもりが、背中をつかんでしまいました。しかし4日間飲まず食わずでほど良く脱水した背中の皮は思いのほか良く伸び、私は猫をバッグのようにぶら下げると、残りの階段を駆け下りました。地上に着いて放してやると、猫はダッシュで仲間たちの所へと走って行きました。

5X才、こういうことしました
(よい子のみんなは、マネしないでね:)
ホイッ ホイッ
地面
踊り場の 植え込み
またイジワルに、
アロエなんか
植わってるし…
屋上から 外階段への入り口は、扉も無く常にフリー！
まったくもって、猫のこの「上へ！上へ！」の習性。
上ったら 下りられないという、危機回避能力の欠如
には、いつも唖然とさせられます。
オーストラリア柄のコ
(たぶん♀)
タスマニア付き

アジアンビューティー

考えてみれば、今、我家にいるのはすべて病気や障害をもって入ってきた猫ばかり。唯一の健常猫の「ササミ」も、1才を過ぎたオトナで来たのだし、（カゼひきだけの）元気なチビ猫を飼うのは20年ぶり位かも……。仔猫って、こんなにいたずらで騒々しくて、散らかして破壊する生き物だっけ!?

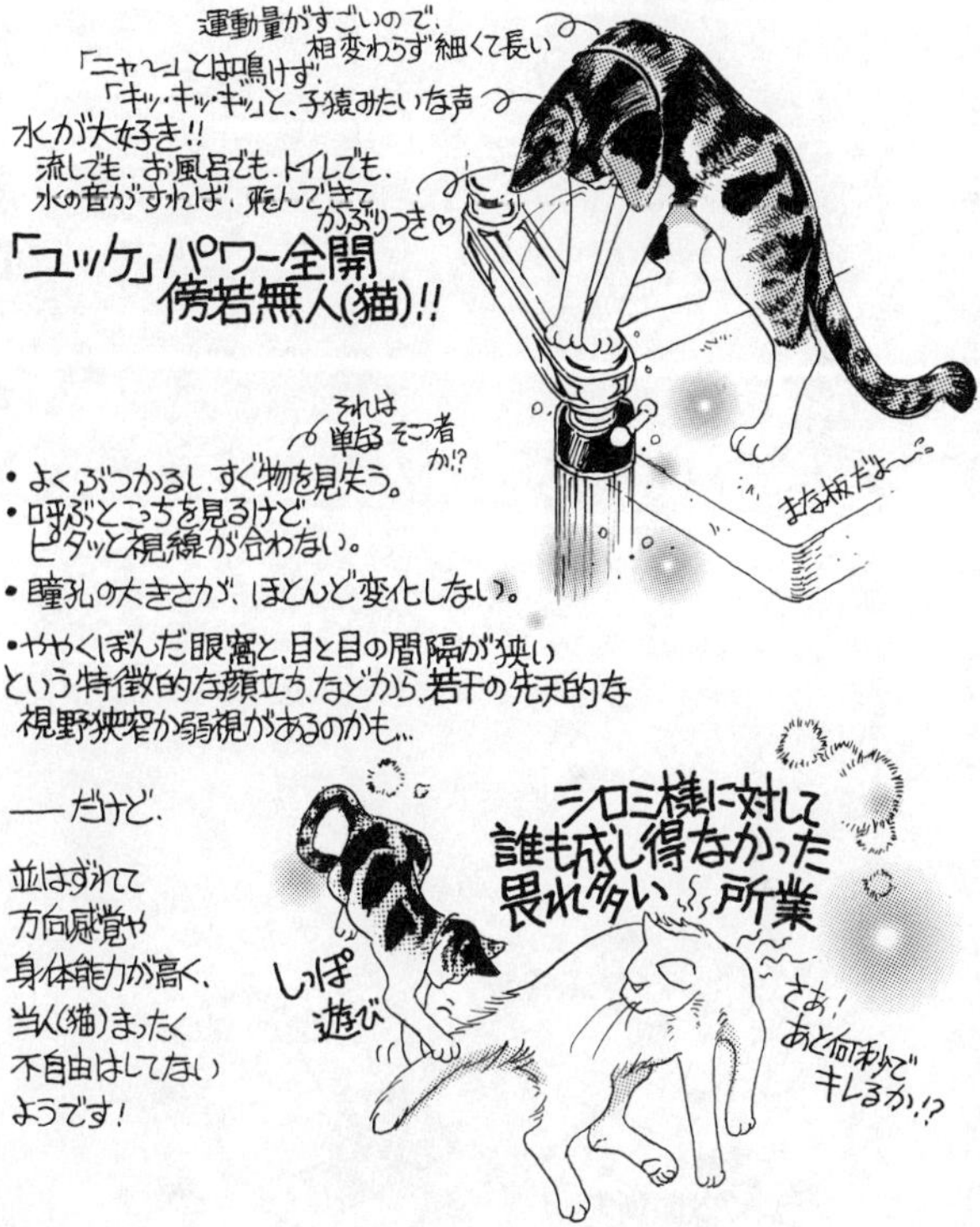
運動量がすごいので、
相変わらず細くて長い
「ニャ〜」とは鳴けず、
「キッ・キッ・ギッ」と、子猿みたいな声
水が大好き!!
流しでも、お風呂でも、トイレでも、
水の音がすれば、飛んできて
かぶりつき♡
「ユッケ」パワー全開
傍若無人(猫)!!
それは単なるそこつ者か!?
まな板だよ〜
• よくぶつかるし、すぐ物を見失う。
• 呼ぶとこっちを見るけど、
ピタッと視線が合わない。
• 瞳孔の大きさが、ほとんど変化しない。
• ややくぼんだ眼窩と、目と目の間隔が狭い
という特徴的な顔立ち、などから、若干の先天的な
視野狭窄か弱視があるのかも…
——だけど、
並はずれて
方向感覚や
身体能力が高く、
当人(猫)まったく
不自由はしてない
ようです!
シロミ様に対して
誰も成し得なかった
畏れ多い所業
しっぽ
遊び
さあ!
あと何秒で
キレるか!?

その㉟——光源氏と魔性の女

チビ猫「ユッケ♀」が、我家の一員となって5ヶ月半。当初からかなりの〝大物〟だとは感じていましたが、この猫は恐れを知らず、天性の〝女猫の武器〟を駆使してのし上がる、〝魔性の女〟のようです。

最初の1ヶ月ほどは階下のキッチンでケージ暮らしでしたが、出すようにしてからも、あえて2階の存在は教えずにいました。ほどなく階段に気付き、恐る恐る上って来るようになりました。

そしてある夜、2階の私のベッドで、ササミとヒメ子が一緒に寝ているのを目撃するや、いきなり最高のポジション〝枕〟に上り、私の頭にコトンと寄り添って寝転がるという暴挙に出ました。ユッケはゴロゴロと喉を鳴らしながら、眠ってしまいました。そっと触ると「クックックッ」と、耳元でささやくようなかわいい声。私は内心メロメロです。

さて！　もちろんササミもヒメ子も嫉妬の炎メラメラです。ササミはプイッと窓から外へ出て行き、ヒメ子はいじけて押し入れに入ってしまいました。

こればっかりは、いくら取り成しても仕方ありません。夜はユ

ッケを階下に閉じ込めておくというのが普通かも知れませんが、ハルノ流は〝あるがまま〟です。これはシロミによって学んだことです。シロミは最初の4ヶ月ほどは、おしっこもれが大変なので、一部屋に閉じ込めていました。おそらく生涯それを貫き通せば、それが〝猫生〟と納得して生きたことでしょう。しかしシロミは、恐ろしく〝我〟の強い猫でした。「この扱いは不当だ！」と騒ぎ続け、根負けした私は少しずつ外に出すようになり、その内次第に〝もれパターン〟にも慣れて現在に至っています。しかし、この育ち盛りの4ヶ月間の軟禁生活は、シロミの性格にびみょーな影を落としてしまったように感じます。元々ワガママな性格ですが、本当の〝無邪気〟ではないのです。トラウマなのか、シロミは今でもその部屋で寝ようとはしません。

さて、シロミとユッケ。正に〝犬猿〟……イヤ、ユッケの方は最高の遊び相手と見て、挑みかかっていくのですが、シロミはマジギレです。視界に入っただけで唸り出し、1メートル以内で「シャー！」、リーチが届けばパンチです。これもあるがまま。猫同士の距離と関係には、必ず落としどころがあるのです。

私は不機嫌極まりないシロミに顔を寄せてささやきます。「シロミは女優で王妃でしょう？　グレース・ケリーよ。無敵よ。美しいわ」。猫界の光源氏もラクじゃないっス。

けっこうツライ愛の生活

何がユッケにここまでの自信を持たせてしまったのか。彼女は“特等席”を奪うだけではあきたらず、私の足の間に寝ているヒメ子など、くみしやすいと甘く見て襲いかかり、ベッドから追い落とすのです。さすがにササミは迫力が違い「ハウウウ…」と、ドスのきいた声で唸られて引き下がるのですが、毎晩ベッドの上でドタンバタン……安眠できません。

大地震の時

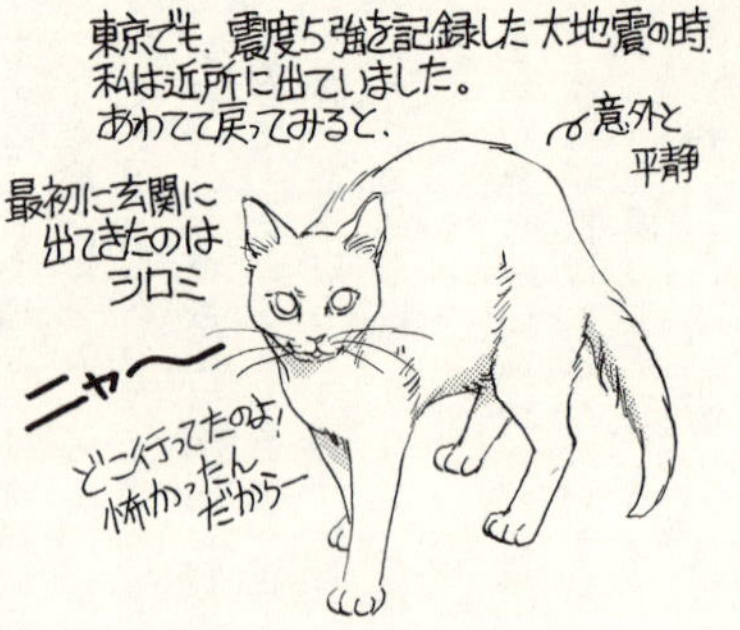
東京でも、震度5強を記録した大地震の時、
私は近所に出ていました。
あわてて戻ってみると、
最初に玄関に
出てきたのは
シロミ
意外と
平静
ニャ〜
どこ行ってたのよ!
怖かったん
だから〜

この度の東日本大震災で被災された方々に、心よりお見舞い申し上げます。そして、パートナーであった犬や猫たち、命を与えてくれた牛や豚や鶏たち。また、追われる立場であった熊や猿や猪やその他野山の動物たち。最期だけは、人間と共に平等な運命の下に犠牲となったすべての生き物たちに、深く哀悼の意を表します。

本やガラクタ小物だらけの、父の書斎と私の部屋は、かなりの惨状でした。フランシス子はいつもの寝場所のキッチンのソファーの下の箱で、これまた割と平静。よく見ると、その奥にはギッチリ詰まって固まったヒメ子の姿が。ササミは雷が鳴っても台風が来ても、家の中より外が安全と考えている猫なので、はなからいるとは思っていません。どうせ当分帰って来ないでしょう。しかしユッケの姿がどこにもありません。「まさか本の下敷きに!? 張り出し屋根の上で遊んでいたから、落っこっちゃったのかも!」。父と母の無事を確認しつつ、割れ物を片付けつつ家の周りを呼びながら捜していると、「チリッ」と小さな鈴の音が上の方から。見上げると、ベランダの下から顔をのぞかせていました。地震から2時間後のことでした。

さすが年の功!
フランシス子は、この場所を梃も
動かなかったのでしょう。
ビビリの
ヒメ子
単に
めんどくさかった
だけか?
ヒメ子は普段 私の部屋で寝ているはず。
キッチンのソファーの下に入ったことなど、1度もありません。
よっぽど私の部屋の様子が怖かったのでしょう。

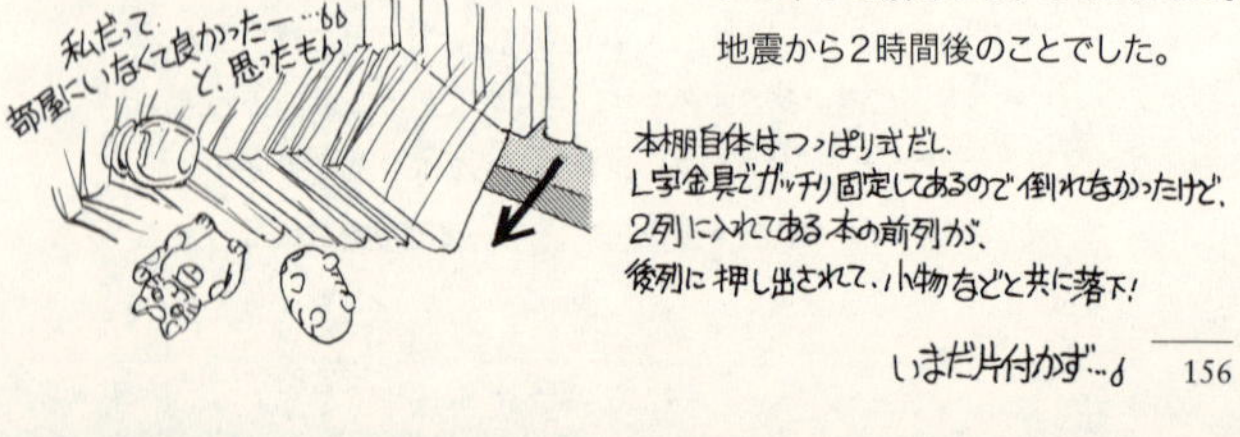
私だって
部屋にいなくて良かったー…
と、思ったもん
本棚自体はつっぱり式だし、
L字金具でガッチリ固定してあるので倒れなかったけど、
2列に入れてある本の前列が、
後列に押し出されて、小物などと共に落下!
いまだ片付かず…

実は1度だけ、屋根の上でスズメを狙って遊んでいる時、
調子に乗って本当に落っこちたことがあるのです。
（これは我家に来た仔猫が、1度は通る道…）
数分後に気付き、あわてて家の周りを捜すと、
家の裏の角で、キョロキョロしていました。
この時も、呼ぶとまっすぐに、ツタの茂みをかき分けてやって来ました。

今は避妊前なので、出さないよう注意を払っていますが、
開けっ放しハウスの我家の猫は、必ず出て行くようになります。

どうやら弱視らしいので、呼び声には、
キッチリ反応するよう、普段から言い聞かせている成果

——…だと思いたい

バトルのヨロコビ？

その36 —— 一転、大所帯!?

ある朝「ピャピャ」という不吉な声。ここ10年は聞いていない、でも聞き覚えのある声。「これは夢だ！　小鳥の声だ！」と、自分に言い聞かせて眠り、午後に恐る恐る庭を見に行くと、軒下の〝猫箱〟の中に白黒雌猫と、うごめく小さな物が3つ4つ。長い外猫歴ですが、さすがに猫箱の中で赤ん坊を産んでくれたのは初めてです。覗き込むと、日光東照宮の「眠り猫」そっくりの白黒母さんに、思いきり威嚇されて引き下がりました。

もちろん母猫は知っています。大通り沿いのKさん宅周辺のグループ、でも元々は、大通りの向こう側のマンション建設によって追われてきた〝開発難民〟の末裔です。キョーフの多産・子育て上手女系一族です。

翌日、箱の入り口で1匹が死んでいました。おそらく一度もお母さんのおっぱいをくわえることなく脱落した、残念な仔でしょう。母猫に怒られまくりながらも回収して、庭に埋めてやりました。そのせいか、翌日一家は箱を出て行ってしまいました。しかしすぐに「近っ！」と、噴き出しました。今度は隣の家と我家の通路に立て掛けてあった、古い桶の中でした。面白がって写真を

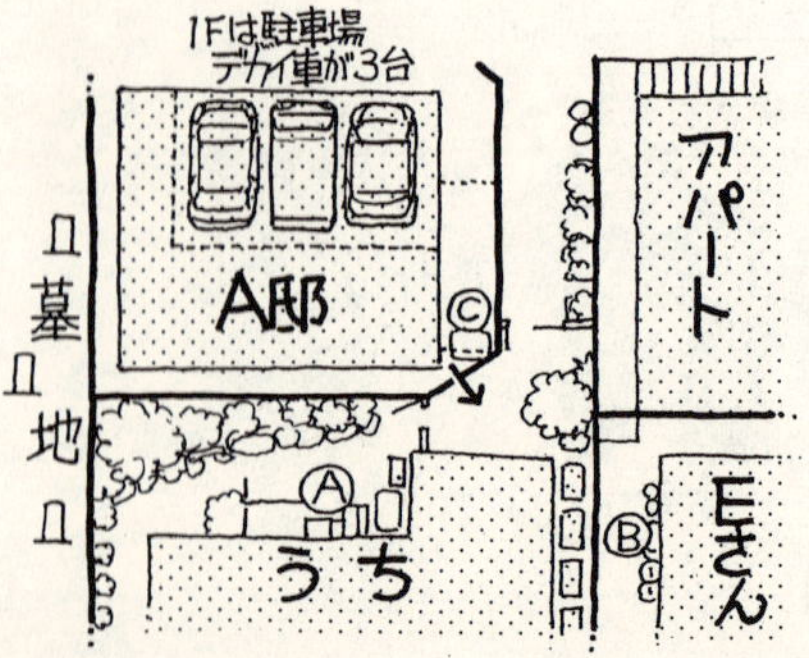

撮ったりしていたら、また警戒されて翌日に引っ越し。でも時間になると、必ず母猫はエサを食べに現れるので、我家の周囲を移動しながら子育てをしているはずです。こまめに移動を繰り返すのは、外敵やいい寄る雄猫から仔猫を守る、賢い母親の証です。

それから10日ほど後のことです。万能助っ人ガンちゃんが、さも愉快そうに、我家の前に立ちはだかるピンク色のA家邸宅の駐車場を覗き込んでいます。見ると車の下にヨチヨチ歩きのチビ猫が4匹！「あの仔たち!?」、イヤ……、日数が合いません。どう見てもそのコたちは生後2ヶ月前後です。その近くでは、ミケの母猫が盛んに威嚇しています。これまたKさんグループの一族です。車にひかれやしないかとハラハラしましたが、賢いミケ母はA邸の裏側に全員を回収し、チビ猫たちはブロックの穴から、我家の玄関先に出入りしています。そして白黒猫一家も、軒下の猫箱に戻ってきました。途中1匹脱落したらしく、仔猫は2匹になっていました。

計6匹の仔猫……、あと1ヶ月もすると母猫たちは「じゃ、後はヨロシク！」と、仔猫たちを置いて、新しい恋を求め出て行くでしょう。確か1年前、私は彼女たちに「ここに来てもいいんだよ」と、言いました。その通りになった今、私は途方に暮れています。

カ・カワイイ〜〜♡
Ⓐ白黒母が産んじゃった猫箱
Ⓑ白黒母一家、次の引っ越し先の桶
Ⓒミケ母一家がいるらしき、水道タンク
→の穴から出入り
一番活発で食いしん坊のミケ
美猫になりそう♡
キミ、そろそろアブナくないか？
ジタバタ
こんなこと、すぐにできなくなっちゃうんですよね〜…
その頃きっとミケ母は、出て行くのでしょう…
それにしても、♀度高そうだな〜…3匹？4匹とも？

Eさんが、いつか捨てるつもりで置いてある古桶
Ⓑ地点
白黒母、この体勢でおっぱいやってました〜♪

母は強し…

ミケ母の仔4匹は全員「よくこんなで育ったなぁ！」と、あきれるほどのひどい“猫カゼ”で、眼も鼻もグジュグジュに塞がっていました。「ユッケ」を拾った時と、まったく同じ状態です。眼が開かないので、お母さんを見失い、皆ウロウロとてんでんバラバラに駐車場を歩き回るばかりです。近くでミケ母が「さあ！　やっとここまで運んできたんだから、どうにかしてよ！」(ホントか？)と、威嚇しています。仕方なく1匹ずつかっさらっては眼と鼻を拭いて、抗生物質の軟膏を塗り、抗生物質を入れた仔猫ミルクを注射器で飲ませて戻しました。一度きりのチャンスです。もう母猫が警戒して触らせてくれないでしょうから。これ一度で持ち直さなければ、死ぬだけです。幸いにも翌日、症状はちょっと改善していました。そこで猫缶と牛乳に、抗生物質を混ぜてやってみました。まだ仔猫は食べられなくても、母猫のおっぱいを通して、多少なりとも効果はあるかもしれません。この初期ケアが功を奏してか、現在のところ4匹ともピカピカに育っています。

でも、見ずにはいられない。
よく、仔猫に触ると、人間の臭いがつくので母猫が見捨ててしまう——と、言われますが、“臭い”が原因となることは、まずありません。人間の数百倍だという猫の嗅覚ですが、基本“鼻脳”ではなく“耳脳”の生き物です。覗かれたり、近くでガサガサされるのがイヤなのです…でも、見たいんだもの〜
ちょっと！なに見てんのよ
残った2匹はお嬢様っぽいおっとりした仔たち
でもまたどこかに隠しちゃったようです…

風土病？

そこまでいじれたなら、全員保護して里親を探した方が良いのでは……？ と思われるかもしれません。しかしこの辺の猫のほとんどが、D院長が“風土病”と称するＦｅＬＶ（猫伝染性白血病）のキャリアであると考えて間違いないでしょう。そんなリスクの高い仔猫を里子に出すわけにはいきません。今はこんなに元気ですが、免疫力の低いこのコたちの中で、来年の今頃まで生き残るのは良くて2、3匹でしょう。でも、うちの「ヒメ子」のように――ヒメ子はこの子たちとまったく同様に母猫に連れられてきて、A邸の駐車場で事故にあい、結果うちのコになっていました。先のことは分かりません。正に猫は“縁”だと思います。来年の夏、うちのコたちと母猫と子供たち（それも全員避妊済み！）とで、我家の前で“猫集会”を開けたら……それが夢です。

その㊲——巨人が愛した猫

我家の長老「フランシス子♀」が急逝しました。『猫びより』で〝ご長寿猫〟として紹介されたばかりだったのに……。17才になって間もなくのことでした。

猫カゼをこじらせて慢性の鼻炎となり、数日間ほとんど食べることができませんでした。すると元々メタボなフランシス子は、あっという間に肝臓の脂肪を代謝できなくなる〝肝リピドーシス〟という、超脂肪肝による肝不全に陥ってしまったのです。それでもまだ黄疸も無く、少しは食べられたので脱水を補うためシロミの通院の日に合わせ、週2回の輸液をする日々が1ヶ月ほど続きました。肝臓の薬の効果もあり、血液検査上ではほぼ正常にまで回復してきました。でも、なぜか食欲が上がってこないのです。メタボが原因の病気ですが、なんとか食べてくれさえすれば乗り切れて、さらなるご長寿も期待できるんだけど……と、好物を探しては買ってきました。

6月頭の土曜日、いつも通りにシロミと共に「D動物病院」に行き、院長に「この脱水感なら、次の火曜日まで大丈夫じゃないかな」と言われ、何の処置もせず連れて帰りました。月曜日、「ち

その内に、
父の拡大機の後ろに置いてある
フランシス子のお骨に寄り掛かって
寝てしまう 姿が涙をさそいます。

ょっと状態悪いんじゃないかな……、病院連れて行こうかな」と思いましたが、母の定期検診もあり、バタバタして「ま、明日でいいか」と、様子を見ることにしました。翌火曜日、症状はさらに悪化していました。2、3歩歩いてはヘタリ込み、目もうつろです。慌てて病院に連れて行くと、急激な肝不全から腎不全も起こし、ひどい脱水と黄疸、既に危篤状態でした。とにかく今は応急処置としてガンガン点滴で流すしかないとのことで、そのまま病院に預けましたが、翌日の午後、死亡の知らせを受けました。

家に戻ったフランシス子は、まだ温かくお腹はプヨプヨしていました。翌日の夕方、葬儀社が来てくれることになったので「玄関に置いておくよ」と言うと、父は「いや……、オレんとこの風習では、死んだ人とは1晩一緒に添い寝するんだよ」と言うので、父の枕元にフランシス子の箱を置きました。悲しみを表現できない不器用な父ですが、喪失感の深さを感じました。

フランシス子は死の数日前から、よく父が寝所としている客間に入ってきました。父の布団で寝ることもありました。父も身を縮めて一緒に寝ていました。17年間の生涯でも、ありえない行動でした。予感があったのでしょう。〝相思相愛〟な二人でした。

お婆ちゃんどこ?

フランシス子は、まったくと言ってよいほど、他の猫との交流を持ちませんでした。なめ合ったり、臭いを嗅ぎ合ったりもしない代わりに、自分から威嚇したり、攻撃を仕掛けたりすることもしませんでした（人間にはしましたけどね）。それでも、幼い頃のヒメ子や、おとなしい時のユッケが隣に寄り添うと、そっとなめてやっていました。今でもユッケは退屈すると、お婆ちゃんと遊ぼうと、フランシス子がいたソファーの下や、父の机の下を覗き込んでいます。

父とフランシス子

いつの頃からか、この"二人"のどちらかが死んだら、ほどなくしてもう片方も死ぬんじゃないだろうか……と思われるほど、深い絆で結ばれていました。フランシス子が妹の所から我家に"出戻って"きた頃は、私に一番懐いていましたし、まだ活発な若猫だったので外にいることも多く、一緒に墓地を跳び回って散歩したものでした。おそらくは'97、8年、父は糖尿病の合併症から眼と脚が一気に悪くなり、次いで大腸ガンの手術などもあり、急速に身体の衰えを感じ始めた頃からだったと思います。父はフランシス子をひざの上に置き、「ホイホイホイ」「ヨシヨシヨシ」などと、幼子をあやす時のように語りかけるようになったのです。長い時は1時間以上、フランシス子が眠ってしまうと父はそっとその場を離れるか、時には背を丸めて一緒に眠ってしまうこともありました。そうしながら父は、深く何かを考えていたのか、あるいはそれに集中することで、頭をからっぽにしていたのかも知れません。声をかけるのもはばかられる位、"二人"の間には濃密な時間が流れていました。

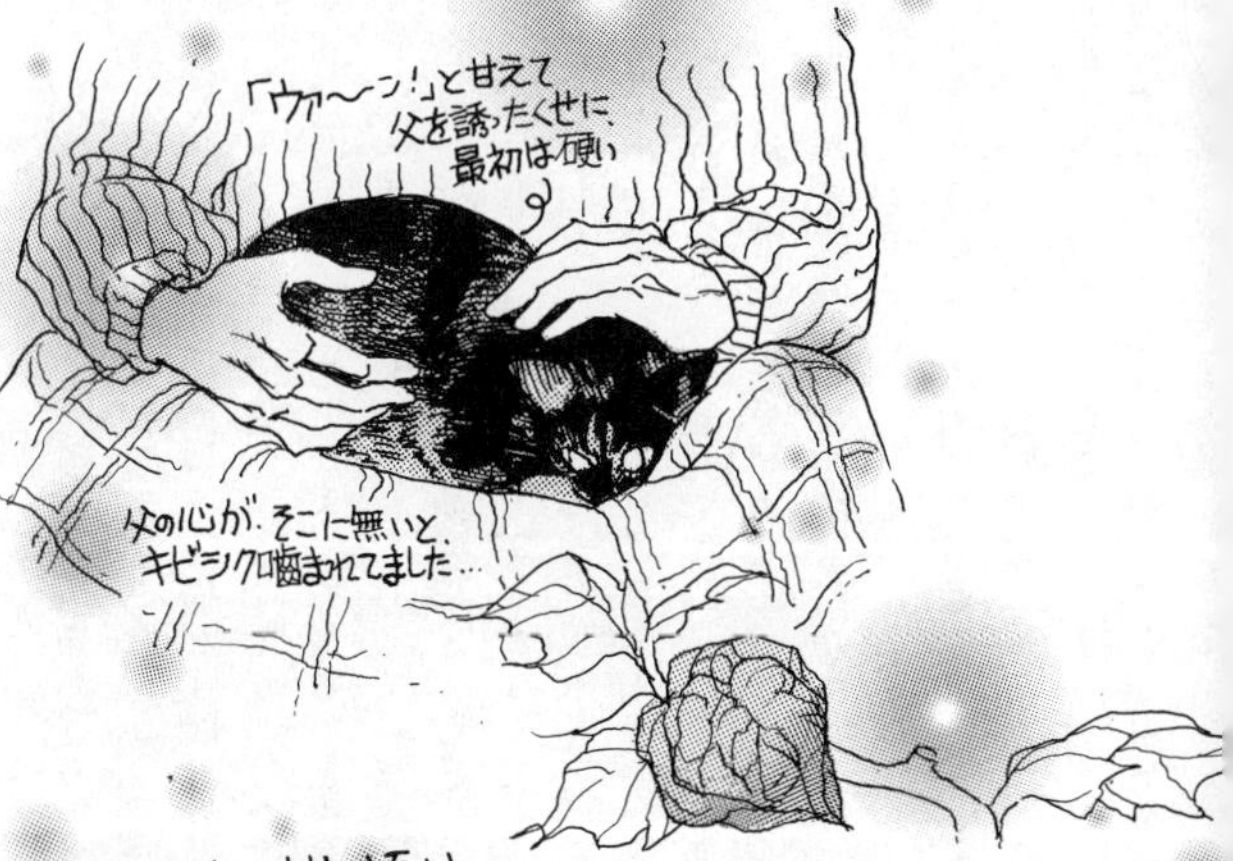
「ウァ〜ン!」と甘えて
父を誘ったくせに、
最初は硬い
父の心が、そこに無いと、
キビシク噛まれてました…

チビっ子たちの捕り頃は、
11月〜12月…
ミケ母は、またどこかで
産んじゃったので、
もうここは定員オーバーよ!
ダメ! かんべんして〜と
お願いしてます…

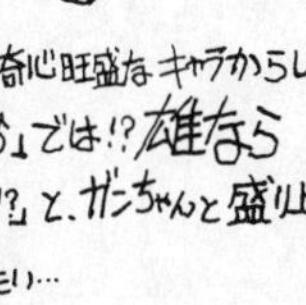
この額の
三日月点で
一応
"ミケ柄"
「モンド」ちゃん

活発で、好奇心旺盛なキャラからして
もしや「ミケ♂」では!? 雄なら
「¥100万か!?」と、ガンちゃんと盛り上がるものの、
やはり♀みたい…
乞うご期待! 次頁以下

嵐を呼ぶ女

若い生命たちに押し出されるように逝ってしまったフランシス子……。玄関を開ければ、わらわらと駆け寄って来る6匹の子猫たち! 心なしか険しくなりつつある、ご近所の視線! ミケ母を捕ろうとした瞬間、網破損で逃がす! それでも白黒母は捕獲成功、避妊完了! ユッケも避妊、そこで判明した隠れメタボと意外な性格! 昨年の平和が夢のようです。思えば、ユッケこそが、"嵐を呼ぶ女"だったのかも知れません。

その㊳――最強の母

イラッ

5月の頭、白黒猫が庭の箱で仔猫を産んで、育ったのが2匹。ミケ母が「後はヨロシク！」と、置いていった仔猫が4匹。計6匹のチビどもは、今や仔猫ですらないりっぱな若猫です。存在感が増し、我家は紛うことなき〝猫屋敷〟と化しました。私はご近所に「ヘコヘコ」しながら暮らしています。

白黒母は網でなんとか捕獲でき、避妊完了。あともう1、2日で産まれる寸前の、ギリギリセーフでした。かわいそうなことをしましたが、こればっかりは人間と共存して生きていく都市猫の宿命です。ところが、キョーフの多産子育て上手のミケ母が捕れません。1度網で失敗したこともあり、威嚇しまくりながら決して後ろを見せません。しかも必ず庭木や石など、障害物のある位置にいるのです。かつて見たことのない、最高に頭のいい猫です。

そうこうしている内、7月頭にまたどこかで次世代を産んでしまい、ペタンコのお腹で現れました。授乳中の母猫を捕るのは仔猫たちの命に関わるので、1ヶ月半ほど小休止。8月半ば過ぎ、トリの唐揚げなどをやると、自分では食べずに盛んに運

ミケ母の子4匹
最も人懐こい！
時代劇ファンならすぐ分かるネーミング
モンド♀
タヌタヌ♀
ミコリン♀
赤ピー♂
もはやおっさん臭いガニ股
キレイなチリメン色ミケ
フランシス子柄
おくびょう

んで行くので、そろそろ離乳期なのだろうと作戦を練りました。唐揚げを玄関内に置くと、子育てに必死なミケ母は一瞬だけでも入ってくるので、そのスキに助っ人ガンちゃんに外から閉め込んでもらうとか……。捕獲用ケージなんて仕掛けても、どうせチビどもがボロボロ引っ掛かるだけで意味無いし……。でもまだ他にも、ミケ母の姉妹、黒猫2匹がいるので、とりあえず友人から捕獲ケージを借りました。我家の他にあるもう1ヶ所のエサ場、大通り沿いの猫好きおじ様Sさんに仕掛けてもらうよう頼みました。早速、姉妹の1匹が掛かり、いいペースです。それから2、3日後、Sさんから「ミケが掛かった」という連絡を受けました。「えっ!?　まさかあのミケ母!?」。見に行くと、本当にあの最強のミケ母でした。心の中で小躍りしました。肩の荷がどっと下りた思いです。そして無事避妊完了。さて後は、

7月頭生まれの次世代チビたちが何匹育っているかです。

ほどなくミケ母は、次世代チビたちを我家周辺に連れてくるようになりました。警戒教育が徹底しているようで、チビどもはチラチラとしか姿を見せません。それでも2週間ほど観察する内に、全貌が分かりました。黒2匹、濃い黒トラ1匹、シャム柄1匹、赤白1匹、白赤ブチ1匹……計6匹！　私はガクッとひざをつきました。

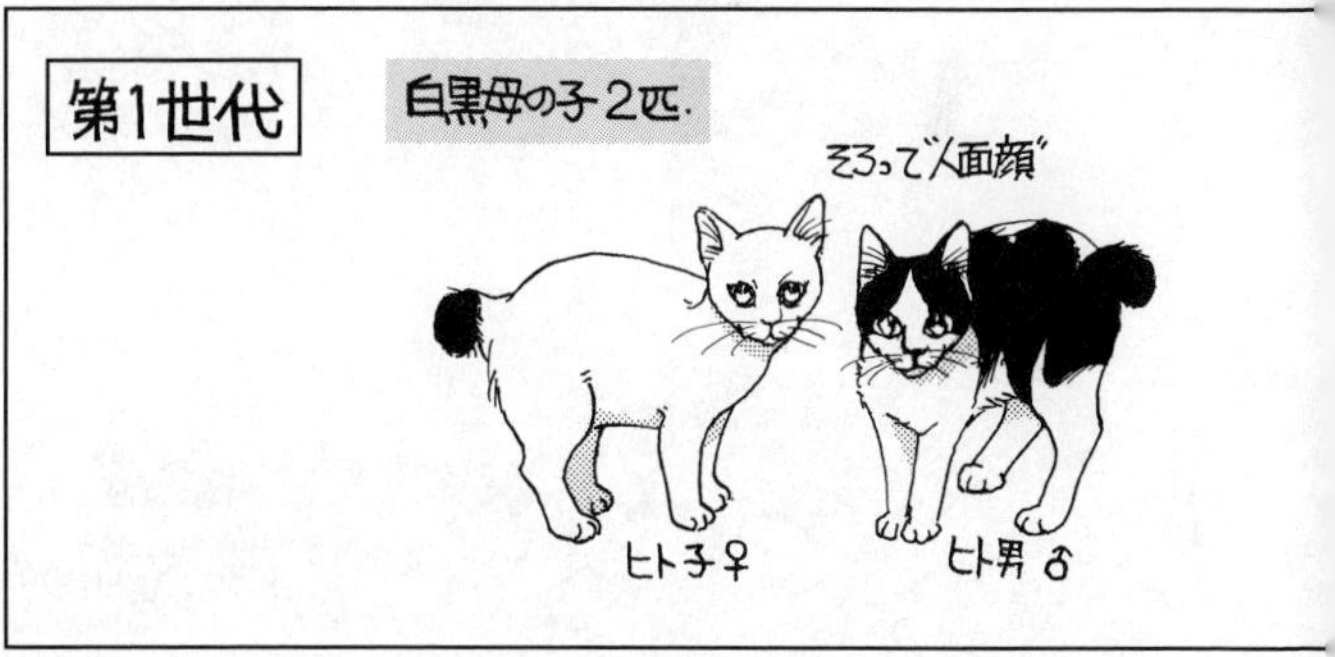

4+2+6+母^2+叔父

「どーすんだよ!?　コレ!」と、自分にツッコミを入れても仕方ない。1年前の、そこはかとない寂しさはぶっ飛び、今はコツコツとやれること（避妊）をやり続けるだけです。それにしても“仔猫製造マシン”ミケ母を避妊できたのは奇跡としか言いようがありません。1度に6匹も産むなら、6匹とも育て上げるこの母は、もはや“化け猫”です。捕ってくれたSさんには感謝感激です！　しかし、ご近所の視線は険しい……。お隣のEさん（仲良しだけど）が元々猫嫌いなのは知ってましたが、猫好きだったお宅までも猫嫌忌剤や、トゲトゲマットが置かれるようになりました。「エサをたっぷりやるからこうなるんだ」と言うことでしょうが、生きているすべてのモノは、食う権利があるのです。生きている限りは手厚く、そして避妊は非情に――が、私の方針です。

叔父

白黒母の兄弟も、レギュラーメンバーに。
これがまた、ノラとは信じられない位
人懐っこくて
やさしい♂
ソックス
ハイソックス
柄は全然違うけど、
メンタルは3年前の
お正月に死んだ
「ウリ」そっくり！
生まれ変わりの
ような気がして、
SさんやKさんは
「ソラクロ」と
呼んでいるけど、
私は“ウリ似”と
“ウリ2”を掛けて、
「ウリニ」と呼んでます。

猫嫌忌剤を製造している会社には
悪いけど、猫は鼻脳ではなく耳脳です。
ほとんど効果ありません。
ペットボトルに至っては、
“おまじない”以下…6

子育て弱者 もちろん“子育て強者”はミケ母です。勝ち組は、1テリトリーに1組のみです。白黒母は負け組となってしまったので、1区画ほど離れた駐車場に、子供らを連れて移動して行きました。夕方頃、コソコソと食べにくるだけです。ミケ母の子供たちとは体格差も出てきました。これから冬が訪れます。単独行動も多くなった、ヒト男は生き延びるかもしれませんが、ヒト子はちょっと心配です。人間に馴れようとしないミケ母の次世代6匹からも、きっと“脱落者”が出るでしょう。さすがに第1世代の4匹は、むっちりメタボなので大丈夫とは思いますが、首を触るとリンパのグリグリがあるので、間違いなくＦｅＬＶのキャリアでしょう。猫カゼひとつが重症化して命取りになります。白黒母の姉妹、黒母2匹（内1匹は避妊完了）に至ってはお寺の塀よりこっちに下りることすら許されず、子供はすでに全滅のようです。ノラ猫の生存率なんてこんなもんです。決して“ねずみ算”式には増えません。せめて生きている間だけは、優しく見守ってやっていただきたいものです。

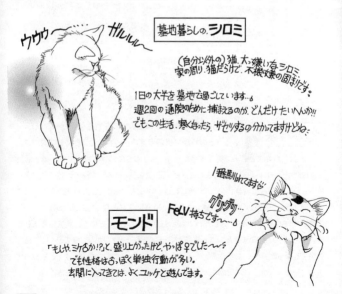

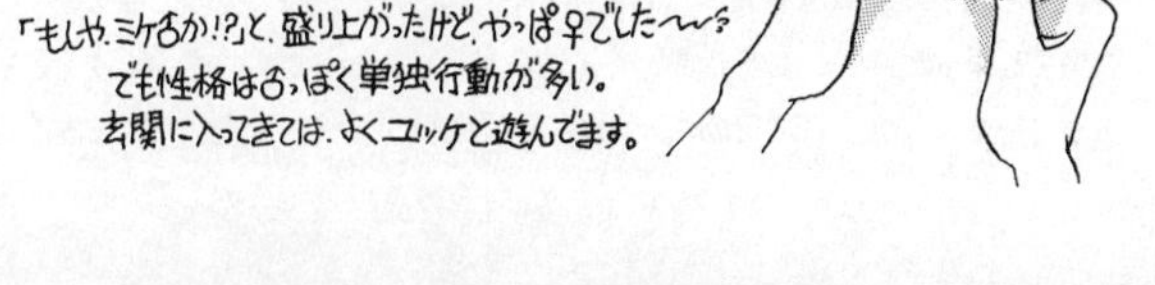

その㊴——150日間戦争

エライ目にあいました。〝猫クレーマー・ストーカー〟に付きまとわれたのです。

　私は深夜ぐるりと約1キロメートル、毎晩ほぼ同じコースを自転車に乗って猫にエサをやって回ります。これを続けていると、都市猫のあらゆる生態が見えてきます。グループ分けと、その頭数。健康や栄養状態。年齢や雄雌。避妊済みかどうか。突然消えた猫が単なるショバ替えか、病気か事故なのか。いろいろと分かります。チビやお腹の大きな猫がいれば、その近辺で仲良しの〝猫おばさま〟などに、捕獲用ケージを仕掛けてもらうこともあります。

　エサをやるのは、マナー違反だと批判される向きもあるでしょうが、ナマリ1片・カラアゲ1欠けなど、この一口で猫が増えたり減ったりするような量ではありませんし、決して翌朝痕跡は残りません。これをやるのと、ただ単に自転車で通過して観察するだけとでは、顔を出してくれる猫の数（特に冬場）が圧倒的に違います。つまり、犬が芸をしたらフード1粒、イルカやアシカなら小アジ1匹というご褒美のような物です。

　そしてもちろん住人に、「そこでエサをやらないでください」

意外な決着

C氏、60代前半・無職・離婚して現在独身・我家から200メートルほどの場所に母親名義の小ぎれいな2世帯住宅にママと2人暮らし、なんてとこまで突き止めたハルノもかなりの負けず嫌いです。私も消耗しましたが、一方的に仕掛けてきたC氏も、(勝手に)疲れている様子が見て取れました。9月末の深夜3時半、私がゴミ出しをしていると、C氏が近付いてきました。ここらが潮時かと“直接対決”に臨みました。個人に関わることなので詳細は避けますが、口論の中でC氏の口から「オレだって動物好きだからさー」という言葉を引き出した時、「やった！」と思いました。そして私が言ったある一言が、かなり彼の痛いところを突いてしまったらしく、C氏は「今後一切お前とは関わらないからな！」と、言い放って去って行きました。150日間に及ぶ長い“消耗戦”は、終結を迎えたのです。

と見とがめられたら「ハイ！　すみません」と、決してその場所ではやりません。

　しかしそのクレーマー氏（以下C氏）は、ある夜無言で自転車で追いかけて来ました。先回りして待ち伏せもされました。ガタイの大きな男なのでとにかく気味が悪く、私は無視を決め込みました。おそらく猫エサが原因なのだろうと察しは付きましたが、マトモに話が通じる相手とは考えにくいので、時間とコースを変えました。しかしその後もC氏は六角棒を持ってうろついたり、私がゴミ出しをしていると遠くから近付いて来たり、夕方の買い物の時間帯に待ち伏せしていたり、車で付けて来たり、早朝我家の塀の外側の墓地を自転車で通ったりと、もはやまったく猫とは関係ない、完全なストーカー行為です。こちらも警察に通報すること3回。

　私としては、猫に危害を加えられるのが一番イヤなので、C氏の行動を観察していたのですが、彼は猫に対してはまったくスルーなのです。近くにいる猫を追い払うことすらしません。つまりC氏は、本当に猫に迷惑を覚えている人ではなく、自分のもて余した時間を社会正義にすり替えて、行為そのものを正当化してヨロコビを感じるという、とんでもない〝ヒマつぶし型〟クレーマー・ストーカーだったのです。

その後C氏とは、道ですれ違うと、お互い満面の〝作り笑顔〟で挨拶を交わすという、珍妙な関係になりました…。

（南方の孤島で戦った、米兵と日本兵との間のリスペクト感…的な？）

ほんっとうに、大人気ないっ!!

おぉ～？

結局ハルノも同レベルじゃん！

※その後、C氏はミニチュアダックスを飼い、
散歩途中、犬に猫を見せにうちへ立ち寄るなど、
ミョ～な仲良しになりました……。

うですね……」と獣医師職員氏。「この世代は現在6ヶ月なので、11月に入ったら避妊を再開します。早すぎると、色々障害が出ると聞いたので」と伝えると、すかさず「どんな障害ですか？」と獣・職員氏。「友人の猫は好中球のアレルギーが出たと言っていました。それに、少なくともD動物病院の院長は、7ヶ月以下はイヤがりますね」。そう言うと、「ほう、D動物病院が……」と黙り込みました。実はうちのかかりつけの「D動物病院」も、区のノラさん不妊指定病院に入っているのです。その後も、猫皿にハエがとまってるだの、カゼ気味のコが不衛生だのと、すでに落とし所を見失った獣・職員氏を「それじゃ」と、人の好さそうな地域センター長がうながして、皆が帰ろうと振り向いた時、「“先生”は、どちらの病院にいらっしゃるんですか？」と声を掛けました。すると、「いえ、病院ではやっていません。区の保健衛生局の職員です」と獣・職員氏。『な～んだ！　実戦経験ナシの、ペーパードライバーかよ』という私の表情が見え見えだったのでしょう。「でも、獣医師の資格を持ってるんです！」と彼もまた（C氏同様）言い放って去っていきました。

※後でD院長に確認したところ、早すぎる不妊手術による障害は、尿路形成不全による泌尿器疾患が最も多いそうです（特に♂）。

ペーパードライバー

それにしてもC氏は、どれだけヒマなのか、善良な市民ヅラをして行政にこってりと私のクレームを（2時間も！）訴えていたようです。名うてのクレーマーよりは“猫おばさん”の方がくみしやすいと考えてのことでしょう。ある日、区の職員が4人組で訪ねてきました。たいへん間の悪いことに、我家の周りでは、爆発的に増えてしまった若猫・チビ猫が跳び回っています。親の世代はほぼ避妊完了であること、着々と避妊を続けていること、そしてC氏のケースは特殊であり、もしも他の住民からの苦情があれば、いつでもお掃除にうかがう旨を説明しました。

すると、1人の若い神経質そうな職員がミコリン（P.166参照）を指して「このコ、妊娠してますよね？」と、切り出しました。私は噴き出しながら、「いえ、確かにメスですが、それメタボなんですよ」と答えました。すると職員氏は「私は獣医師の資格を持っているのですが」と前置きした上で、「でも、“腹水”がたまってることもありますからね」と、きました。なるほど！　こんなちゃちいテで、シロウトを威してるのか……と、苦笑いをこらえつつ「ちゃんと見てください。このコ健康ですよね？」と聞くと「そ

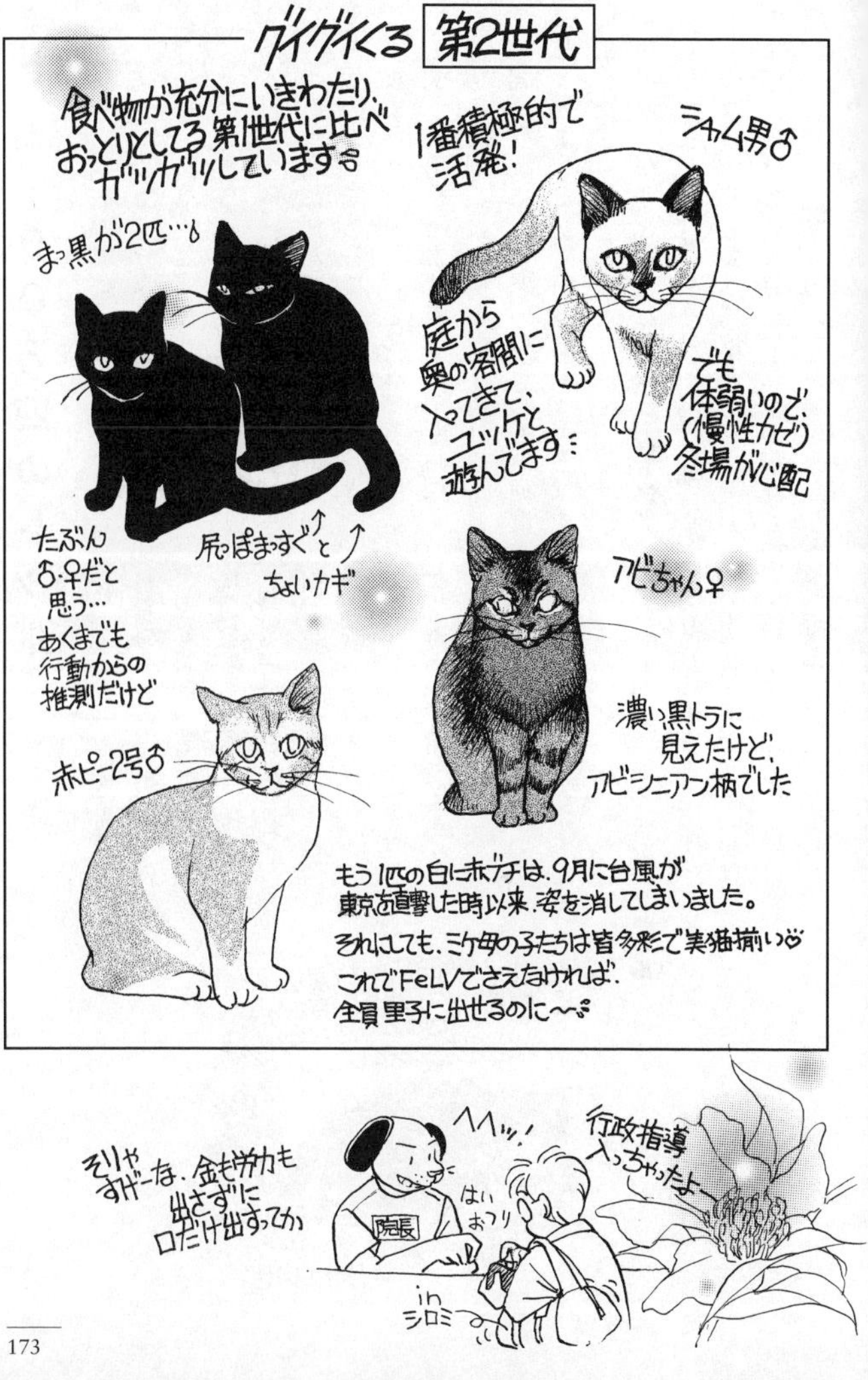
グイグイくる 第2世代
食べ物が充分にいきわたり、おっとりとしてる第1世代に比べガツガツしています
1番積極的で活発！
シャム男♂
庭から奥の客間に入ってきて、ユッケと遊んでます
でも体弱いので、（慢性カゼ）冬場が心配
まっ黒が2匹…
たぶん♂・♀だと思う…あくまでも行動からの推測だけど
尻っぽまっすぐと
ちょいカギ
アビちゃん♀
濃い黒トラに見えたけど、アビシニアン柄でした
赤ピー2号♂
もう1匹の白に赤ブチは、9月に台風が東京を直撃した時以来、姿を消してしまいました。
それにしても、ミケ母の子たちは皆多彩で美猫揃い
これでFeLVでさえなければ、全員里子に出せるのに〜
行政指導入っちゃったよ〜
へへッ！
はい おつり
そりゃすげーな、金も労力も出さずに口だけ出すってか
院長
in シロミ

脚???
猫の寝方ではない…

その40 ―― 100万匹のトッポ

「トッポ（♂）」のことは以前（P．144）にも書きました。一昨年の春やって来た乱暴者のトッポ。最後の外猫だった、お婆ちゃん猫テンちゃんを噛み、結果死なせ、さらに私までもが噛まれて左手に重傷を負う始末です。

ある日、首輪に付けてきた電話番号から、飼い主はOさんと判明。Oさんは近所に住んでいらしたのですが、引っ越した際トッポは脱走。元のシマであるこの辺に戻ってきたという訳です。

気ままなノラ暮らしを謳歌するトッポですが、FeLVのキャリアです。去勢を済ませても、相変わらずのケンカや慢性カゼで、冬を越せるか、猛暑の夏を乗り切れるかと、ハラハラしていました。その間、高齢で足の悪いOさんも、何度か散歩がてらに訪ねていらっしゃいましたが、いつもトッポとはすれ違い、1年以上会えずにいました。

昨年秋、寒さを感じる頃から、トッポは我家に入ってくることが多くなりました。押し入れや、空き部屋の暗がりに影のように潜み、うちのコのエサを食べてはトイレを使い、暖かい日は遊びに出かける生活を続けていました。我家の猫たちも、このテの〝住人〟には慣れっこで、見て見ぬふりです。しかし、トッポがおしっこをした

私が訳あって、数日留守にして戻り、
「トッポ！無事だったかい」と、声をかけても、
尻っぽ2,3回パタパタだけで、
ニャンとも愛想ナシでした…。
パタ
パタ
一応はうれしそう
「なんだ…帰ったのか、会えてうれしいぜ」

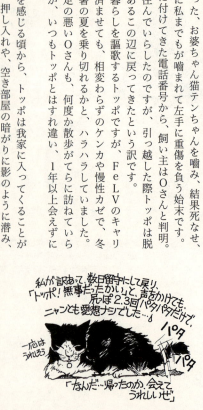

猫砂は、尿比重が低いためベッタリと固まり、かなり腎臓の機能が低下しているのが分かりました。1ヶ月もしない内に、トッポは食欲が落ち、見る見る痩せてきました。〝多飲多尿〟の状態から、今度は一転、濃い色の尿を少量トイレシーツにするだけになりました。これは腎臓が尿を作れなくなっている、末期の腎不全の症状です。トッポはもう、外に出ることも無くなっていました。ヘタをすれば、あと数日ということもあるので、「一度会いにいらっしゃいませんか？」と、Oさんに電話をしました。

早速駆けつけていらしたOさんが、「トッポ！」と呼びかけると、骨と皮ばかりのトッポは「ニャー！」と鳴きながら、テーブルの下から這い出てくるやOさんのひざに上がり、肩と胸にガシッと爪を掛けてしがみついたまま、ニャー！ ニャー！と鳴き続けました。

「なんでお母さんがここにいるの!? 会いたかったよー！ 帰りたかったけど、道が分からなかったんだ！ 迎えに来てくれたんだね!!」。その姿に、Oさんも私も涙ボロボロです。

Oさんはその場ですぐにトッポを連れて帰りました。トッポは幸せなケースです。

お母さんに会えなかった、何万匹の〝トッポ〟が、——ことに昨年の震災では、いることでしょう。

その後のトッポ

"猫は3歩歩けば忘れる"などと言われたりしますが、トッポは、1年以上会っていない飼い主のOさんを鮮明に覚えていたばかりか、何よりも驚いたのは、こんなにも激しい"感情"を内に秘めたまま、淡々と暮らしていたことでした。もちろん個体差も大きいのでしょうが、猫はあらゆる不遇な状況を耐えて、受け入れて生きているのだと思い知らされました。さて、……その後のトッポ。家に帰ったものの、もって1週間位かなと思われましたが、同居猫と張り合うように再び食べ始め、なんと！ それから1ヶ月もOさんのもとで生きたのです。

ペットボトルロード
だから〜ジャリはアカンって!

そりゃーうちだって.
そこはウンコされちゃマズイ!って
場所には.トゲトゲマットを置くことも
ありますけど…この労力と景観!!
どこかでハタ!と“本末転倒”に
気付かないもんかな〜…
私だったらまず.50本以上の
ペットボトルに水入れて並べる労力
よりは、毎日2、3個のウンコ片付ける
方を選択するんだけど…

ま…好き好きですけど
ふっ
ご近所なだけに切ない…

そおかな〜…ハードルが見えてるだけに.
まんざら実現不可能でもない気が…

完全アウェイ

なんとも壮観です。外猫ゼロの状態から、ほんの1年足らずで、第1世代4匹＋ヒト顔兄妹2匹＋第2世代5匹＋母・親戚たちと、常に10数匹が走り回っています。我家は完璧な“猫屋敷”と化しました。ご近所の方々は、会釈くらいはしてくれるものの、視線が泳いでいます。道端で世間話をすることも無くなりました。“お魚くわえたドラ猫”は（近年そんな気概のある猫もいませんが）、ほうきを持って追いかけても、水をぶっかけてもかまわないし、「お宅がエサやってるんだから、ウンコ片付けてよ！」「はいはい、今やりますよ」だっていいんです。しかし現代社会は、衝突よりは排除、あるいは“社会正義”と銘打って行政に丸投げ、という方向に向いているようです。我家としてはせいぜい“向こう三軒両隣”には、常ににこやかに、変わらぬお付き合いを努めるしかありません。「そうだ！　この“逆境”を逆手に取って、夏は玄関先をよしず張り、冬はテントにして、猫カフェならぬ“猫屋台”をやるってのは、どうかね!?」と、我ながらナイスなアイディアを提案したら、「ご近所が許せばね」と、いつになくクールにガンちゃんが言いました。

そんな中でも応援団

・某国でのサッカー試合の、数万人の中の100人の応援団ではありませんが、ご近所でも（ミューの家の）Yさんや、Iさんなどは「たいへんでしょう」と、缶詰を差し入れてくれます。
大通り沿いの、Kさんやsさんとも、外猫話で盛り上がります。

留守中、外猫のエサをやってくださるUさんは、私よりよほど都市社会の猫事情に対して、憤ってくださいます。

他にもまだ"猫友"はいます。

・"アウェイ"の方々、ただかたくなに孤立せずに、"応援団"を見つけましょう。

・猫好きは、猫同様、群れるのはキライ！きっと息をひそめて近くにいるはず…

年下のオトコニャコ

第２世代の中でも、特に活発で好奇心旺盛な「シャム男（♂）」。とうとう２階の窓からも入ってくるようになりました。ユッケは、どんなに転がしても、たたんでも、負けずに飽くことなく挑みかかってくる、１才下のシャム男が大好きです。２匹は毎日、私のベッドの上で取っ組み合って遊んでいます。気は強いけど、外に出たことのないお嬢様と、うっかりお屋敷（うちはお屋敷じゃありませんが）に入り込んでしまった野生児との"小さな恋の物語"のようで、見ていてもほほえましいです。しかし、それは時を選ばず……明け方に、私が寝ているベッドの上で、ドタンバタンの取っ組み合いは、かんべんしてくれ〜!!

その㊶——モチベーション

実を言うと、私は前号（その40）と今号（その41）の連載の間に、乳ガンの手術を受けています。

ガンを発見したのは、昨年の9月のことでしたが、その後の検査で腫瘍は悪性ではあるものの、細胞の質はおとなし目であることが分かっていたので、親の介護や猫の世話の手配など、やらねばならない事を片付けたりしている内に、手術は4ヶ月半も延び延びの、2月になってしまいました。むやみに焦らない怖れない、ふてぶてしいガン患者です（告知された時には『ガーン！』という古典的ギャグも、しっかりかましてきましたし）。

腫瘍は1センチ程度と小さかったけれど、部分切除だと、毎日欠かさず1ヶ月半も放射線治療に通わねばならないそうで、シロミの週2回の通院ですら結構たいへんなのを知っているので却下。取り立てて惜しいようなおっぱいでもないので、全摘出を選択しました。

私のこの根拠の無い〝医学カン〟は、ひとえに猫たちによって鍛えられてきたものです。何十匹もの〝我が子〟の、ありとあらゆる病気と治療に付き合ってきた結果です。猫はサイズが小さいので、判断と選択はスピードが命。遅れれば、たった一日で脱水や腎不全で死に至ります。さらに猫には（もちろん他の動物たちにも）、〝闘

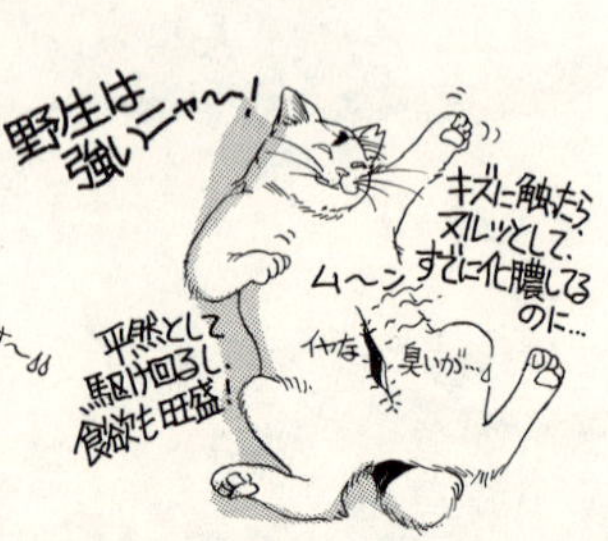

病〟という概念はありません。例えば「胃ガンだから、助かるには胃を全摘出するしかないよ。頑張って闘おうね！」は通用しません。動物はストレス死するだけです。なので私の病気に対する判断は、たぶんちょっと独特だと思います。

さて……、10センチはある傷ですが、意外にもそれ自体はほとんど痛くありません。しかし、思わぬ〝伏兵〟が。切った後の滲出液が、胸や脇の下に溜まるのです。こいつが痛い！　たとえるなら、歯痛・ものもらい・めんちょうのように、すべてのヤル気を奪う超うっとうしい痛みです。無意識の内に庇うのでしょう。肩こりや頭痛もひどく、気が付けば歯を食いしばり肩で浅く息をしています。家事も介護もテキトー。ほとんどの時間グダーッと、キッチンの床に寝転がっている始末です。

しかし深夜、猫のエサやりの時間になると、シャキッ！　と起き上がります。外に出て、胸いっぱいに冬の冷たい空気を吸い込みます。アドレナリン全開で痛みは消え、自転車の片手運転も難なくこなします。

「猫にエサやれる位だしね？」と言われるのがオチなので、誰にも弱音もグチも吐けません。上等です！　良くも悪くも私は、猫に生かされているのですから。

モンド破ける！

何十四もの雌猫に、避妊手術を受けさせてきましたが、これまで“穴”程度はあったものの、下の腹筋までしっかり数センチも破けたのは（FeLVで傷が治りにくいというリスクを差し引いても）、モンドが初めてでした。手術は、我家の“ノラ専用病院”の「H動物病院」です。しかし、私も悪いのです。本来なら2、3日入院させるとか、1週間位ケージに入れて養生させればいいものを、ノラという“野生動物”を閉じこめておいた場合の精神的ダメージの方が気になり、連れて帰るなり玄関先でリリースしてしまうからです。さて——、この“事件”が自分の手術の直前に起きたので、私は担当医に念を押しました。「どんなに乱暴に動いても、絶対に破けませんよね!?」

月の女神

昨年9月のことです。例によって夜になってもシロミが帰ってきません。気が付けば、今日は丸1日姿を見ていません。夜も9時を回り、さすがに心配になって、隣の墓地に捜しに行きました。広大な墓地ですが、だいたいの“立ち回り先”は分かっています。名前を呼んでいると、「ニャー」という返事。シロミが、大きな墓石の上から見下ろしていました。折しも仲秋の名月。シロミは満月に照らされて、真っ白に美しく輝いています。気候も最高に気持ちの良い夜です。「ああ、良かった！」と、私は地面にゴロリと大の字に寝転がりました。その瞬間「ピリッ」と、かすかな引きつれを右の胸に感じました。この時初めて、私は小さなガンに気付いたのです。正に“月の女神”シロミ様の天啓という訳です。

強いんデス!

東日本大震災から1年が経ちました。地震や津波で死んだ動物たち。また原発事故の、全住民避難区域に取り残されて、餓死した動物たちも多数います。それを想うと、胸を締め付けられるばかりです。でもたぶん、それ以上の数、しぶとく生き残っている動物たちがいるはずです。熊や猿や猪などの野生動物たちは、人間の消えた世界で本来の生き方を取り戻し、野山でのびのびと暮らしていることでしょう。時折TVの映像などで見る限り、放たれた“ノラ牛”なんかも痩せてはいるものの、けっこうのんびりと草を食んでいます。犬は群れで生きる動物なので、小型愛玩犬などはむしろエサになってしまうかも知れません。強い大型犬を中心とするグループが、生き残っていることでしょう。“孤高のハンター”ノラ猫たちが、最も多く生き残っていると考えられます。虫やは虫類、鳥やネズミなどの小動物を捕食して、うまくすれば1年を経た今、“3代目”が生き延びている可能性すらあります。狩りの能力に長け、餓えも寒さも放射性物質をもモノともせずに代を重ねていくノラ猫たちが生き残っているとしたら、それはたぶん(研究に値する位)最強の遺伝子を保有しているはずです。生物の身体って、もろい反面かなり“打たれ強い”んだと思います。

その42――連れてっちゃったよ

P．164で書いた通りのことが起きました。父が亡くなったのです。フランシス子の死から、9ヶ月と1週間目のことでした。

「キミたちは、前世では何だったんだ!?」と、ツッコミを入れたいほどの、父とフランシス子の仲でした。たかだか猫の死に、何で〝戦後最大の思想家〟などと称される人が？ と思われるでしょうが、体験の重さはタイミングによってまったく個別なのです。

フランシス子の死後も、孫が遊びに来れば楽しげだし、まだやりたいことなどを意欲的に語っていたし、インタビューにもそこそこマトモな発言をしていたのですが、壺の底の小さなひび割れのように、決定的な何かが――たとえて言うなら〝魂〟が、少しずつ目減りして、あちら側へこぼれて行くのを感じていました。周囲にいる者たちは、少しでもその速度を遅らせるような努力しか、できないことを分かっていました。

フランシス子は、最大級に〝傷ついた子供〟でした。離乳もそこそこの頃母親に放置され、その時カラスにズタズタにされて大手術。その後すぐに妹の所に貰われたものの、そこにはデカイうる

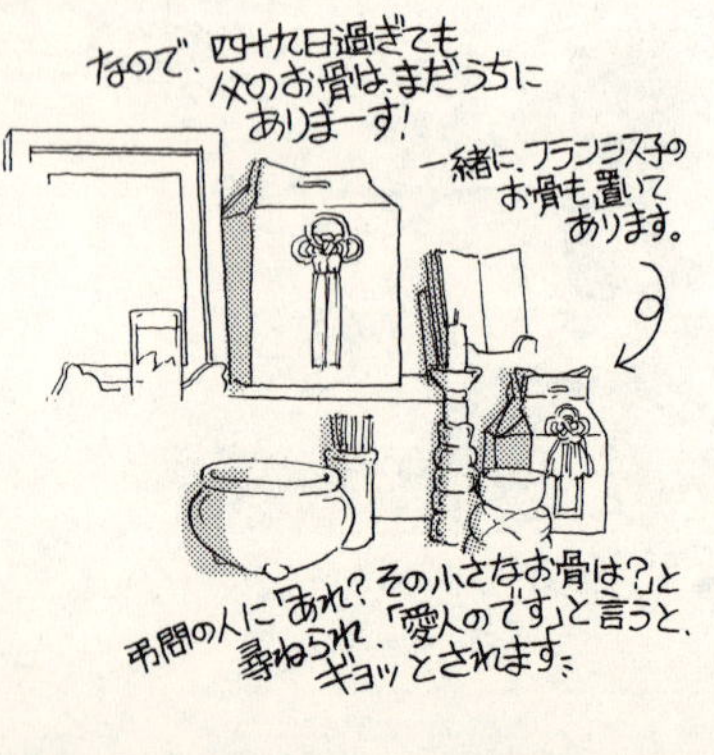

さい犬が2匹。しかも妹は、当時の恋人と別れる別れないの大荒れの時期。結局別れて、フランシス子は我家に返却。もしこれが、人間の子供だと考えてみてください。グレないはずがありません。

実際フランシス子は、私がひざに乗せても数秒でうなり出し、生涯心から受け入れてはくれませんでした。しかし、父のひざには乗って眠っていました。よく〝心ここに在らず〟で抱いていると嚙まれていましたが、それは「捨てる位なら私を愛さないで！」の意味なのです。一方シロミも、私に対してとはちょっと位相の違う〝愛〟を父に求めていました。シロミもまた傷を負った子供です。〝蝶よ花よ〟と可愛がられていたのに、ある日突然飼い主のミスから〝おもらし〟をするようになったので捨てられ、我家に来た3、4才の女の子なのです。父には、傷ついた魂を引きつける〝何か〟があったのだと思います。

フランシス子の死後、よくシロミは、寝ている父の頭にグリグリと、頭突きでアピールしていました。しかし父は、「シーちゃんゴメンな。オレはフランちゃんを裏切れないんだよ」と、言っていました。今、所在なげに見つめてくるシロミを私はなぐさめるしかありません。

「ゴメンねシーちゃん。フラれちゃったね。お父ちゃんは、フラン子が連れてっちゃったよ」

気がすむまで

2011年6月、フランシス子が死んだ時のことです。「ほら、お骨になって帰ってきたよ」と、父の前にお骨の箱を置きました。眼がほとんど見えない父は、箱の形を手でなぞりながら「で、お骨にした後はどうするんだい？」と尋ねてきました。「さあ……、こっちの気がすむまで家に置いといて、後は撒くか埋めるかだね」と答えると、気に入ったのか父は「ハハッ！　気がすむまでか、そいつぁいいや！」と笑いました。それがやけに印象に残っているので、父のお骨も、こっちの気がすむまで置いておくことにしました。

耳は忘れない

実を言うと、父が亡くなったのは、先号（その41）の〆切の真っ最中でした。前の号は自分の乳ガンの手術で、次の号には父親が死ぬとは、江戸っ子流に言うなら、実に“おめでたい家”（イベント満載って感じ？）です。父が亡くなってから10日後、NHKの「ETV特集」で父の講演の再放送をやっていたので、観るともなしに流しながらキッチンで洗い物をしていました。他人事のようで、何の感慨もありませんでした。すると奥の客間で寝ていたシロミが、すっ飛んできました。テレビの画面をじっと見つめながら、耳をピンと立てて左右に動かし始めました。正にあの“ビクター犬”のようでした。それから父の姿を捜して書斎を覗き、もしかして奥の客間でお客さんと話しているのかもと、再び客間に走って行きました。その姿を見たら、“おめでた”すぎて、疲れすぎて、これまで泣くこともできなかったのに、初めてボロボロと涙がこぼれました。

それから、あきらめたのか
途中で自分が何を捜してた
のかを 忘れたのか…
フテ寝
しちゃいました～。

きっと普段は、ただ漠然とした物足りなさや
寂しさの中に漂っているだけなのに、
飼い主の“声”で、一気に記憶がよみがえるのでしょう。
トッポ（P.175）の場合も同じでした。

どこだって同じ

父が亡くなる4、5日前のことでした。父の病室に入ると、その日は興奮気味らしく、父は手をミトンで拘束され、目を見開いたまま、何やらうめいていました。「ヤレヤレ」と思いつつ、私は洗濯物などを回収しながら「早くうちに帰って来てね。シーちゃんもさびしがってるよ」と言うと、父は大きな声で振り絞るように「○×△□※!」と叫びました。入れ歯が入ってないので聞き取れず、「え？　何だね？」と聞き返すと、父は再び「○×△□※!」と、同じ言葉を叫びました。気にかかっていたものの、それっきりそのことは忘れていました。父が亡くなって2週間ほどたった頃です。父の祭壇の前で猫たちと一緒にグダグダとうたた寝していた時、いきなり殴られたように「ガツン!」と、あの時の言葉と、その意味が降ってきました。それは『どこだって同じだよ!』でした。そうか!　どこだって同じなんだ……。病院だろうが、畳の上だろうが、コンクリートの地面だろうが、犬も猫も人も、すべての生き物は、死ぬ時は必ずたった"独り"。場所はどこだって同じなのです。孤独死が問題にされたり、病院でなく家で死ぬためには――などと、そろそろ自分の身体がアブナクなってきた"団塊の世代"が言い出した昨今の生ぬるい風潮に、父はまた最期に、見事に水をぶっかけて逝っちまいました。

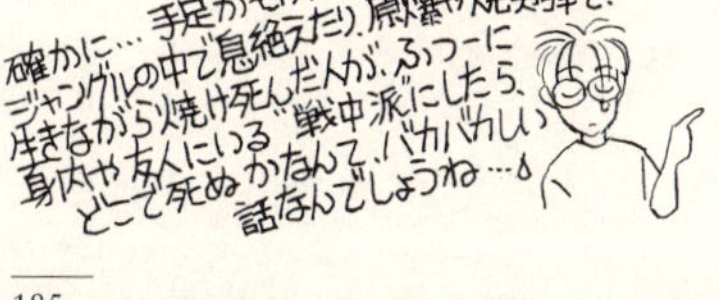

その㊸——心のすき間に〝猫〟

これまでいくら否定してみても、逆に各々固有の事情による論理的な裏付けができないものかと考えても、やはり百歩譲っても、猫にのめり込むのは、独身女性が多いのです。

中には子供たちが独立し、伴侶を亡くされた方もいますが、特にイタイのが、生涯独身の女性（私もその例にもれず）が、多いということなのです。〝猫〟を社会的な活動にまで広げている方々からは、「私を一緒にするなよ」と言われそうですが、あなたも同類です！

男性にも猫にのめる人はいますが、やはり（ヘンな意味でなく）女性性を有した芸術家肌の独身の方が多いように思えます。もうこうなったら、目をそらさずに「なんでなんだ？」と、考えた方が早いです。

余談ですが、猫好きには犬も好きな人が多いのに、犬好き（特にブランド犬を飼う人）は、猫嫌いという傾向があるのもおもしろいです。猫にしたら、犬はありえないほど騒々しい生き物なので、犬猫両方飼っているうちの妹などは、かなりの〝強者〟です。かく言う我家も昔（私が小2～大学1年頃まで）雑種犬を飼って

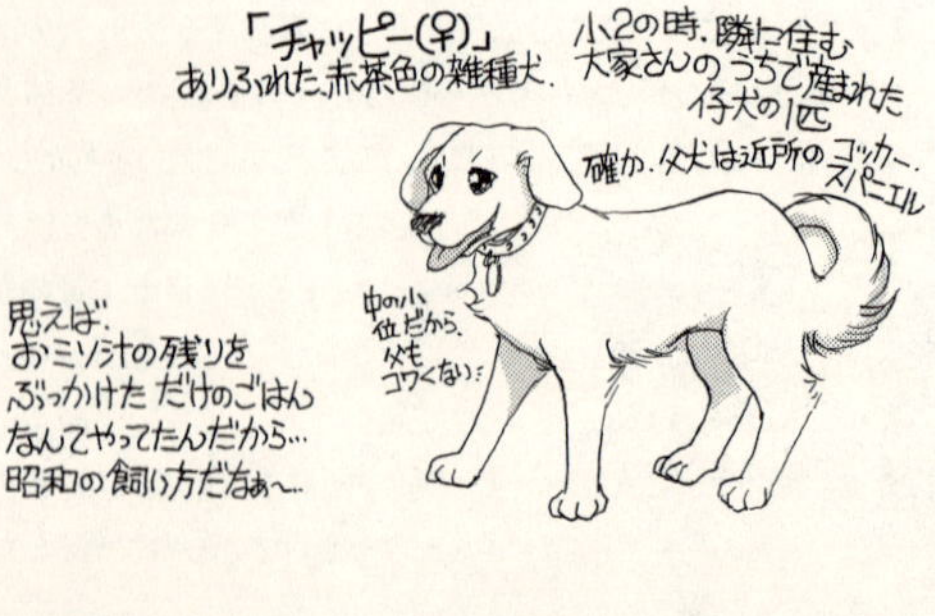
「チャッピー(♀)」
ありふれた、赤茶色の雑種犬。
小2の時、隣に住む
大家さんのうちで産まれた
仔犬の1匹
確か、父犬は近所のコッカー・スパニエル
中の小位だから、父もコワくない!?
思えば、
おミソ汁の残りを
ぶっかけただけのごはん
なんてやってたんだから…
昭和の飼い方だなぁ～…

いました。当時私は、まだ動物に関してはまったくの無知で、今ならもっといい接し方をしてあげられたのに……と、後悔が残る犬でした。

犬を飼うのは、散歩でメタボ予防とか、子供に命に対する責任感を教えるためなど、ファミリー向け。猫はさして手間もかからず、高齢で身体が不自由になってきても側にいてくれる独居向けなどと、当然の理由はあります。しかし、それ以上の〝何か〟が無ければ、説明がつかないように思えます。

父が『震災後のことば』の中で言っていたエピソードが思い出されます。父の〝愛人〟フランシス子が死ぬ3日ほど前から、布団にまでやって来る。「この猫、本格的に疲れていたんだ」と、父の方も暗くて寂しい感じだったのが、「こういう子もいるんだ」と、一時的だけど〝暗くて明るい〟気持ちになる——といった主旨です。「疲れていたんだ」と感じるところが、父の独特な考え方です。〝独り〟でいることは「疲れる」のです。それは単に独り身だとか、頼れる家族や友人がいないという意味ではありません。精神的に、何の組織にも権威にも属さず、ただ独り〝荒野〟に立つのは疲れるのです。特にその〝疲れ〟にさらされているのが、仕事も年齢も年収も関係なく独身女性なのだと思います。共感能力の高い猫という生き物は、そっと側に寄り添うのです。

実は犬が…

実を言うと、父は犬がコワかったらしいです（笑）。新婚の頃、母と2人で腕を組んで歩いていると、どうも道路の反対へジワジワと母を引っ張って行くので、「何だろう？」と見ると、向こうから大型犬を連れた人がやってきたのだそうです。妹が飼っていたデカくて無邪気なゴールデン・レトリバーのラブちゃんに、どつかれ転がされなめ回されて、「やっと犬のカワイさが分かってきたよ……」と、父は言っていました。

ふっ切れる　何の変哲もない、5月の終わり頃の午後でした。少しだけ開けてある客間のガラス窓から、シロミが顔を出して庭を見ていました。父が亡くなって（入院して）から、シロミは父の帰りを待っているかのように、父が寝所としていた客間を離れることなく、積んである座布団の上で眠り、外にもほとんど遊びに行かなくなっていました。「いいよ！　行っといで」と見ている内に、シロミはスルッと窓から外へ出て行きました。1時間ほどしてシロミは戻ってきましたが、その日から二度と客間で寝ることはなくなりました。何年付き合っていても、猫には“不思議”があります。この日、どのような心の動きがシロミにあったのでしょう。父の死から、70日目のことでした。

それでも、弔問などのお客さんが
見えるとどこからともなく、
シロミはやってきます。
お客さんと一緒に、
お父ちゃんが帰ってきて
しゃべっているんじゃないか
と期待して。
そして、後で当たられる…。
ガジガジ
ウ〜ヴヴヴ〜
なんだ！お父ちゃんいないじゃんよー
あでででっ
ケリッケリッ！

やっぱ.いた〜!!

深夜、家の前の道路で猫たちをかまっていた時のことです。そこから50メートルほど離れた、大通り近くの電柱を垂直に駆け登る影が！　猫ほどの大きさですが、猫にはあんな登り方できるわけありません。下まで見に行くと、お寺の塀の上の茂みの中に何かいます。薄茶色っぽくて、鼻に白い筋が。「な〜んだ、シャム男か……イヤ違う！」。もっと尖った鼻筋、尻尾もフサフサです。ちょっとアルビノっぽい、シャム男色のハクビシンでした。数年前にも、通りの向こうで“らしき影”が横切って行くのを見たことがあります。この辺は寺町なので、お寺や神社の裏は接しており、道路をほとんど通らずにお寺などの敷地だけを移動することができるのです。外来生物で、食害やフン害で嫌われるハクビシンですが、何たってここは東京・山手線の内側です。「がんばって、強く生きていけ！」と、心密かにエールを送りました。

『猫バス』みたいな登り方：
ボクがシャム男です
味わい深い色合いです：
目はブルー
ミョ〜だと思ってました！
2、3ヶ月ほど前、
家の裏に置いといた
ゴミ袋が破られて、
ナマリの骨などが
食い散らかされる
日が続きました。
この辺には、
そこまで飢えた
猫はいないはず
もちろん遊び半分で
“狩猟本能”を
満足させる、って
場合もあるけど…
これでスッキリしました：

その44——ロシア正教会の猫

モデル的

深夜の自転車〝猫巡回〟で、スーパーやオフィスビルのある複合施設の広場に差しかかった時のことです。いつもの場所にいる「ルーちゃん（♂）」の様子が変です。いわゆる〝香箱座り〟をしているのに、鼻づらをベタッと地面に着けているのです。猫にしては明らかに不自然な体勢です。

「弱ってる!? まさか死……?」。あわてて近寄り、「ルーちゃん!」と声をかけると彼は、ふっと顔を上げました。

「びっくりしたー!」と、ホッとすると同時に、「ああ……そうか、彼は老いたんだ。それも生涯外猫としては、かなり自然に穏やかにそれが訪れたんだ」と知りました。

ルーちゃんは、長いこと広場のすぐ向かいにある、ロシア正教会で養われていました。ロシアだからルシアン→ルーちゃんと、私は勝手に呼んでいますが、他にも様々な名前で呼ばれてきたことでしょう。

そのロシア正教会は、長年まったく正体不明でした。トタンぶきの屋根で味もそっけもない灰色の四角いコンクリート塗り。分厚い鉄の扉の向こうは、前庭兼駐車スペースで、扉が開いている時には、ルーちゃんが寝そべっているのが見えました。

2000年前後だったと記憶します。ある日突然その扉の上に、金

どこにでもいる赤白トラブチ
目は、そうとう悪いみたい
先天性の“眼球形成不全”かも…
昼間はまったく見かけないけど…
きっと夏場は教会のコンクリートの前庭あたりで、寝そべってるんだろうな

色の小さな十字架と、かわいらしい天使のイコンが掲げられていたので、「教会だったのか！」と知りました。ソ連が崩壊し、政府から弾圧を受けてきたロシア正教会が、晴れて〝看板〟を掲げることができたという訳でしょう。

その後偶然に見た深夜のドキュメンタリー番組で、六本木で医師もやっている老神父が、週に1回この教会でミサを行うということを知りました。彼は猫好きだということで、映像にもチラッとルーちゃんと、当時いたミケが映っていたので、うれしくなりました。

老神父は長身痩軀で、その顔には知性と優しさと、苦難の歴史が刻まれていました。その時点で80代後半だったと記憶するので、たとえ現在ご存命であっても、もはや現役は不可能でしょう。果たして2年ほど前、十字架とイコンは取り外され、今では時折留守番の人が出入りするのを見るだけになりました。

さて、いきなり食いっぱぐれたルーちゃんは、一時期ガリガリに痩せ、夜中も必死でエサを求めてくるので、どうしたものかと心配しましたが、どうやら近所に安定した〝パトロン〟を得たらしく、今ではムッチリと太っています。それでも、この冬を越すのは難しいかも知れません。いつの間にか10年以上が過ぎていたのです。

老神父が歴史の波に翻弄されてきたように、ルーちゃんもまた、人々の歴史に巻き込まれて生きてきたのです。

ルーちゃん

ルーちゃんは生まれつきの弱視です。明暗や、大きく動く物は判別できるけど、エサなどは、鼻先に近付けてやらないと分かりません。夜中、私が近付くのも、自転車の音で気付くのでしょう。歳をとり、その頼りの耳が遠くなってきているのです。慢性の鼻炎もあるので、毎冬ハラハラしています。ルーちゃんの一面を知る人は、多く存在するでしょう。しかし、彼の生涯を俯瞰で見続けてきたのは、たぶん私一人だけだと思います。

教会復活!?

ロシア正教会の暦によると、3月末が大晦日に当たるのだそうです。7、8年前のだいぶ春めいてきた深夜のことです。いきなり教会の無愛想な鉄の扉がピカピカの電飾で飾られ、大きく開かれた前庭は煌々とライトで照らされているのを見て、ア然としました。クロスのかかったテーブルには軽食が並び、ロシア系の信徒の人たちが、楽しげに集まっていました。小さな子供たちも、この日ばかりは夜ふかしを許されているのでしょう。前庭を駆け回っています。きっとルーちゃんも、その輪の中に紛れていたことでしょう。「うーん……、まさかこんな近所で、異国情緒が味わえるとは！」。これが10年以上、雨の日も風の日も、どんなに具合が悪くても、ほめられもせず、毎晩アホみたいに“猫巡回”を続けてきた“ごほうび”ってヤツだなあ……と、しばしうっとりと、その光景を眺めていました。さて、ごく最近のことです。鉄の扉の上に再び十字架とイコンが掲げられているのに気付きました。きっと新しい神父さんが、いらしたのでしょう。もしかしたら3月末、またあの“大晦日”が見られるのでは――と、今からちょっと楽しみな気分です。

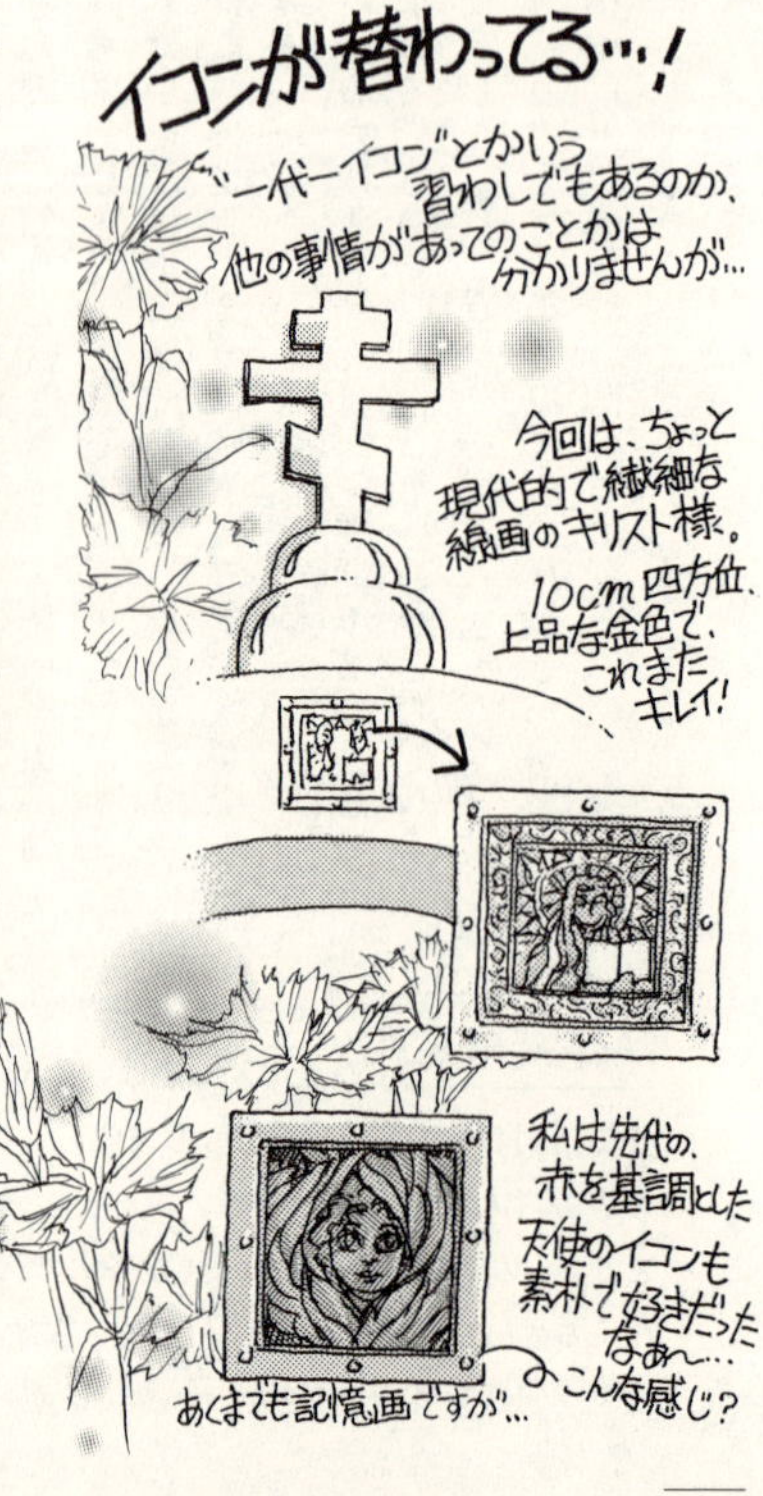
イコンが替わってる…！
“一代一イコン”とかいう習わしでもあるのか、
他の事情があってのことかは分かりませんが…
今回は、ちょっと現代的で繊細な線画のキリスト様。
10cm四方位、上品な金色で、これまたキレイ！
私は先代の、赤を基調とした天使のイコンも素朴で好きだったなあ…
こんな感じ？
あくまでも記憶画ですが…

名誉の負傷

ある日、「赤1(♂)」が、口からダラダラとヨダレを垂らしながらやってきました。下あごも腫れているようで、エサを食べられません。助っ人ガンちゃんもそれに気付き、心配しています。「まだ若いし、歯肉炎やガンとは考えにくいから、骨が刺さったとか、一過性のものだと思うよ。もう少し様子を見てみよう」……と、2、3日するとヨダレも治まり、エサも食べ始めたのでヤレヤレと安心しました――が、ふと玄関前の通路を見て「うぐぐ?!」と、うめきました。そこには巨大なスズメバチの死骸が!　優に6センチはあるオオスズメバチです。3センチ程のキイロスズメバチは何度か飛んできたことがありますが、オオスズメバチは(標本以外では)初めて見ました。これが都内にいるのも驚異なら、捕ったバカも大バカです。もちろん誰の仕業かは明白です。このハチは、新しい巣の候補地を探しに来た“前哨兵”と言われるヤツでしょう。前哨兵は2、3キロは平気で飛ぶと聞いたことがあります。範囲内には、大きな庭園や公園、植物園もあります。前哨兵が戻らなかったことにより、我家の隣の墓地は、新築候補地から外されたに違いありません。私は「良くやった!」と、おバカな赤1をほめてやりました。

「赤ピー」改め「赤1」
「赤2」と区別するため…

その㊺——うつにもなっていらんね～！

しっかり～

　さて……怒濤の2012年が終わろうとしています。この1年間で、私は片乳を失くし、父を亡くし、さらに10月には母も亡くしました。気が付けば、家には中年女1人と猫だけが取り残されていたという訳です。喪失感と、一気に肩の荷が下りた脱力感から、〝うつ〟にならない方が、むしろヘンです……が、おかまいなしにやってくれます！猫どもは！

　ある日の午後、ユッケ（♀）が丸1晩帰って来ていないのに気付きました。今が遊び盛りで、家に帰るのは食事と休憩だけなのですが、さすがに心配です。2階の窓から隣のお寺の墓地に向かって「ユッケ！」と呼んでいると、「キャオ！　キャオ！」と小さくユッケの叫び声。あわてて墓地にとんで行き、声のする辺りを捜していると、「キャオ！」と声は上の方から……。見上げて絶句しました。ユッケは、お寺の鐘楼の屋根の上にいたのです。おそらく側の桜の樹から跳び移ったのでしょう。鐘楼は名刹だけあって、屋根は瓦ぶき。唐破風の急斜面。てっぺんまでは10メートル近くある、りっぱな建築です。さすがの（？）私でも、容易に登れるようなシロモノではありません。

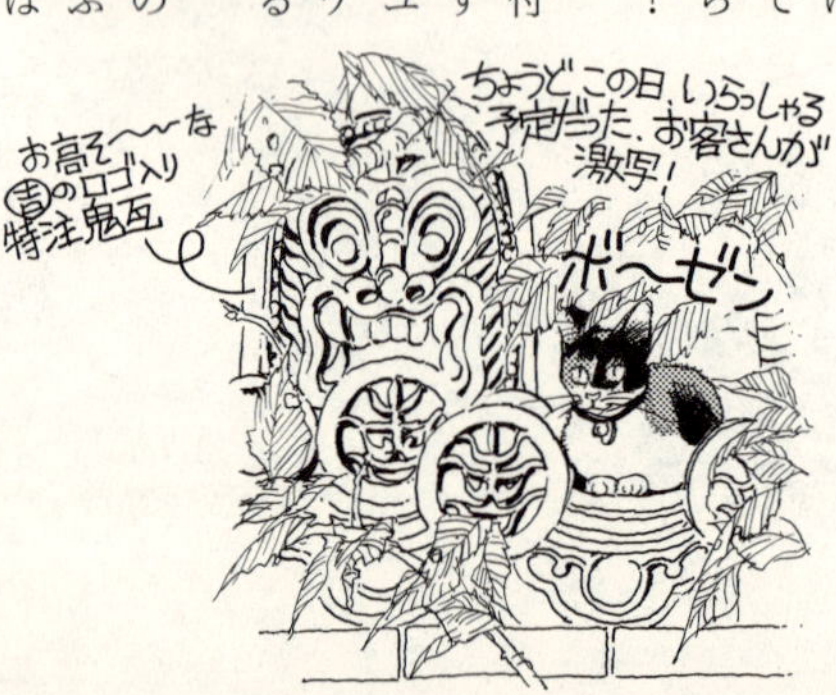
ちょうどこの日、いらっしゃる予定だった、お客さんが激写！
お高そ～～～な
(寺)のロゴ入り
特注鬼瓦
ボ～ゼン

とりあえず、寺務所に駆け込み「消防に連絡してもいいですか?」と聞くと、「そうですねぇ、こちらでは何ともしかねますので」と、寺務所のお姉さん。「頼むからサイレン鳴らして来るなー!」と言う間に、2台の消防車が到着。早速隊員が鐘楼にはしごを掛けようとすると坊さんがすっ飛んで来て、重文級の建物なので、瓦でも破損したらどうする! とお怒りの様子。「重要文化財は〝経堂〟だけで、これは20年前の新築だろっ!」という言葉はグッと呑み込みます。お高そうな瓦には違いありません。消防もまた、放っとけば自分で桜の樹から降りて来るんじゃ、とか、エサや猫じゃらしでおびき寄せては——などと日和りだします。

「もうええわ! 夜中に私が登ったる!」と、うんざりした頃、やっと消防は毛布を巻きつけたはしごをそっと鐘楼に立て掛けます。若い隊員が素足になって、そろそろと屋根に乗り移りました。ただでさえビビッているユッケは、屋根の上を逃げ回ります。坊さんは青筋ビキビキで見張っています。その内隊員は、うまいことユッケを桜の樹の方へ追い詰め、ついにユッケは樹に跳び移りました。見ていた皆から歓声が上がります。ユッケは地面まで這い降りると、ダッシュで逃げて行きました。私は消防にも寺にも平謝りです。あらゆる感情がふっ飛ぶほど、消耗しました。

屋根猫激写(?)

「自分で登れたんだから、いつか降りてくるだろ」と人は言いますが、P.150で書いた“屋上猫”も然り、どうやらその回路が欠落しているのが猫なのです。歴代の猫たちも、隣のお寺の樹に登って降りられなくなったことが多々あります。ほとんどの場合がイチョウの大木なので、下の方には足掛かりになる枝が無く、はしごを借りてきて私が登って追い落としました。今回は建物を傷付けてはいけないので、さすがに消防にお願いしましたが。

落ち猫注意

ご存知、猫はかなりの高さから落ちても大丈夫です。2階のベランダからなどは、まず問題ありません。今回ユッケの場合も、軒先の先端から地上までは5メートル弱。下はジャリだし、枝などに当たればかなり衝撃も緩衝されます。「脅して落としちゃっても大丈夫ですから！」と言う私に、「ケガでもさせたらいけませんし」と渋る消防隊（いつも様々な理不尽なクレームをつけられてきたからでしょう）。結果、樹に跳び移らせることができましたが、5メートルは落下地点の素材によっては、びみょーな高さです。モロにアスファルトの地面などに落下した場合は、前肢を脱臼したり骨折したりする可能性があります。それよりも多いのは、上顎骨（口の中の天井部分）の骨折です。もしも猫が高いところから落ちて、見た目はどこにもケガが無いのに、エサが食べられない。という時は、口の中の骨折を疑って病院に連れて行きましょう。

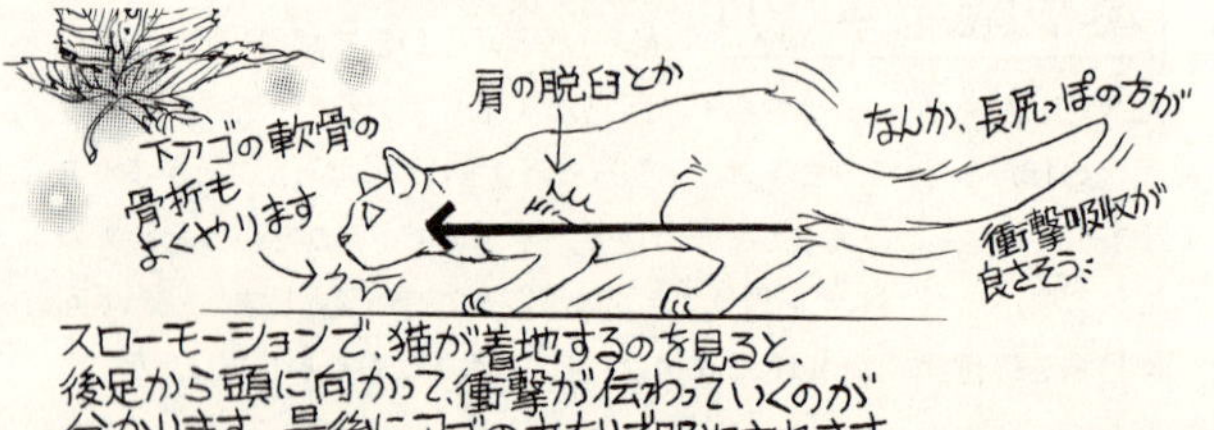

スローモーションで、猫が着地するのを見ると、
後足から頭に向かって、衝撃が伝わっていくのが
分かります。最後にアゴのあたりで吸収されます。

ライン突破！

最近「K中グループ」が、ジワジワ攻めてきています。1匹かなり子育て上手の、頭のいい母猫がいて、知っているだけでも2世代を見事に育て上げているようです。「来られたらかなわんな」とは思っていましたが、I家とY家がエサを出しているそうだし、ここは“猫口過密地帯”なので、I・Yラインで留まってくれるだろう——と、タカをくくっていました。ある夕方、玄関を出たとたん、ボロボロッとこの辺りにはいるはずのない、小さなモノが転がり逃げて行きました。3、4ヶ月のが2匹いるようです。突破されました！　母猫も今や堂々とエサを要求してきます。夜中、駐車場には母猫の兄弟姉妹らしき猫も出没し始めました。甘かった！　飽食でおっとりとした我家の外猫どもは、まったくディフェンスとして役に立ちませんでした。

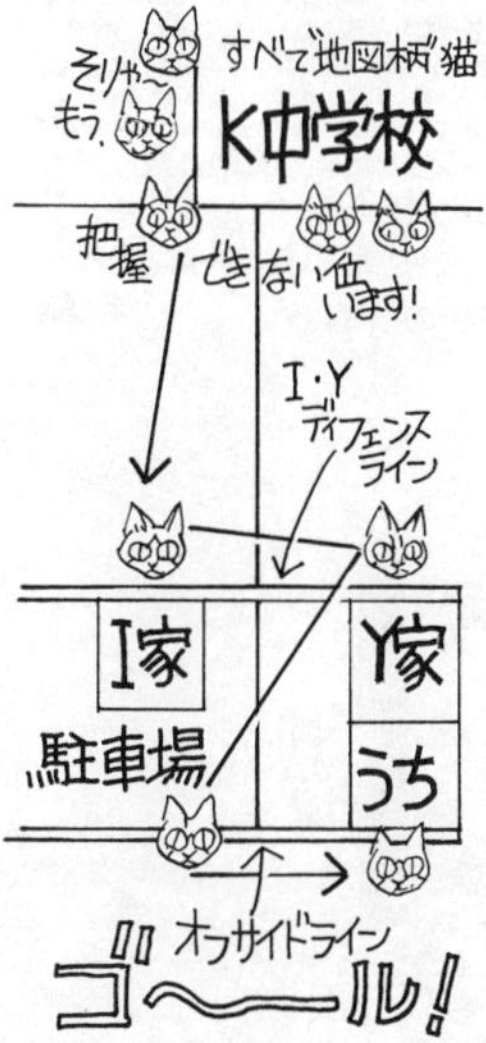

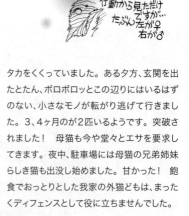

その46――ホーム・スウィート・ホーム

前回は、〆切直前に「ユッケ鐘楼登り事件」が勃発し、あまりにもド肝を抜かれたので前後してしまいましたが、実はその前に外猫代表格、メタボの「ミコリン（♀）」が亡くなっていました。

玄関周りには常に兄弟姉妹猫、10匹ほどが出入りしているので、ミコリンの不在にはまったく気付きませんでした。東京を台風が通過した直後のことです。お昼過ぎ、庭にある流しの下に鮮やかな色の〝敷物〟のような物があるのに気付きました。「また誰かヌイグルミでも引っ張ってきたか」と、まじまじと見ると見覚えのある柄、ミコリンでした。すでにウジが湧き、顔は判別できないほどでした。私はここ2、3日夜中にしか通らなかったので、まったく気が付きませんでした。金曜には助っ人ガンちゃんが庭掃除をしているので、ここにはいなかったはず。そして今日は火曜日です。

そこですぐに〝鑑識〟を始めてしまうのが、私のヘンなクセです。毛皮がびっしょりと濡れているので、台風前からここにいたのでしょう。しかしウジの育ち具合は、まだ30時間前後といったところです。日曜は終日台風で、ハエは近付けません。

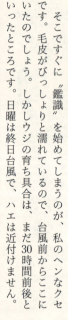

昨日月曜は朝から気温が上昇したので、時間的には符合します。つまり日曜より前にはハエはたからなかった。ミコリンがここにもぐり込んだのは、土曜の夜ということになります。

それにしても、たかだか3、4日にしてはあまりにも〝残念〟な姿です。特に頭部の損傷がひどすぎます。ミコリンに病気の兆候はまったく無く、毒物だとしたら他のコもやられているだろうし、必ず弱った姿を見せるはずです。ミコリンは我家の前に建つA邸のガレージによくいます。A氏は、入る猫が悪いんだ、轢いたら轢いたでしょうがない勢いで、ベンツを出し入れするので、その時頭を「ガツッ」とやられたのでしょう。雨で流されたにしても血痕がまったく(ガレージ内にも)無いので、頭蓋内部を激しく損傷したのだと思われます。

それでもミコリンは帰ってきたのです。その場で倒れて死んでも、おかしくないほどのダメージを受けたのに、数メートルの距離を必死で歩いて一番安心できる場所へと。

たった2年と数ヶ月。どんなに手厚く保護しても、外猫の命の重さはこの程度です。では〝野の花〟を刈って家の花瓶に入れれば幸せなのかと言うと、それは違うというのが私の考え方です。ミコリンは、我家の庭に埋めてやることにしました。

墓掘り人参上!

オトナの猫を庭に埋めたことは、さすがにありませんでしたが、とにかくこの“お姿”では、ペット葬儀社を呼ぶことも、隣の墓地まで運ぶこともできず、選択肢はありません。場所を決め、スコップで四角く型を取って掘り始めます。これまで何10回と繰り返してきた手慣れた作業ですが、トシのせいか、昨年の胸の手術跡の引きつれのせいか、思いの外キツイです。ハタと気付けば今日は火曜日。助っ人ガンちゃんの“ご出勤”じゃないの！と、後はすべてお任せすることにしました。

無法地帯

私の部屋は過酷です。まず雨戸がありません。「ササミ♀」は、夏でも冬でも窓とドアを開けておかないとパニクるので、冷暖房は無意味です。冬は雪が吹き込み、夏は南と西からジリジリと直射日光が当たり、台風で布団はびしょ濡れとなり、秋はベッドに枯れ葉が積もります。「キャンプかっ!?」と、自分でツッ込みながら起きます(春の桜の花びらは、ちょっといいけどね)。なので今は、亡くなった母の部屋を寝室に使っています。墓地に面しているので、玄関から遠いこともあり、とにかく静かなのです(おまけにスカイツリーの絶景ポイント!)。猫たちも寂しいのか皆、寄り添うようにこの部屋に集まってきます(ユッケだけはマイペースで、キッチンで寝ていますが……)。さて── 私の部屋を覗くと、デカイ野郎どもがドドッと窓辺へと逃げて行きます。シャム男・チャップ・赤いヤツが常連です。ベッドの上には、毛やら足跡やら何か黒いキタナイ物が散っています。コロコロをかけても、何だか座るだけで体がカユくなってきます。私の部屋は完全に占拠されました。

開けて!
キャオ
ササミ♀
開いてさえいれば
家の中でも一応安心
キャオ
キャオ
1才過ぎまでノラとして
生きてきたせいか、
ササミの"閉所恐怖症"は
筋金入りです。
特に悪天候になると
家の中の方が不安に
感じるようです。
先日の東京の大雪の日も、
窓ばかりか、玄関まで
開けさせられて、閉口しました。

男の子なんて!

かわいかったユッケの弟分"年下のオトコニャコ"シャム男も、今やユッケの1.5倍ほどの大きさに。それでもまだユッケに遊びを仕掛けてくるのですが、ユッケの方はあまりのデカさに、もて余しているようです。冬場のシャム男は、ほとんど1日私の部屋で寝て食べて、飽きると階下に降りてきてはユッケにちょっかいを出したり、またたびのおもちゃで大騒ぎしたりしては、再び2階に寝に行く生活です。「これじゃ、まったくの飼い猫じゃないか!? それなら触らせろよー!」と迫るのですが、"神母"ミケママの「人間には決して心を許すな」という刷り込みは強力で、なかなかその一線だけは越えさせてくれません。

その㊼――女優魂

人前に出るのが大の苦手の私ですが、同じ月に父の〝最後の肉声〟そして〝最後の肉筆〟となった2冊の本が出ることとなり（またそれに私もガッツリ噛んでいることもあって）、本の宣伝の為に死ぬ思いで、いくつかの取材に応じることとなりました。

1つは、ペットと一緒にというコンセプトの新聞の取材でした。正式に家猫として飼っている4匹の内、3匹は決して姿を現さないのは確実なので、もちろん〝女優〟はシロミしかいません。それでも敏感な猫のことです。不穏な気配を察して出かけてしまわないとも限りません。しかもマズイことに、取材の予定時刻は、いつもシロミを「D動物病院」に連れて行く時間帯なのです。まだ寒い時期なので、たいがいシロミは家にいますが、週2回の通院の日はいつも家の中で〝鬼ごっこ〟です。夏なら、隣の墓地に逃げているシロミを〝甘い声〟で呼びながら捜し回るハメとなります。

記者の方は「大丈夫ですよ。外に逃げた猫ちゃんを1時間以上待ったこともありますから」と言ってくれますが、2階にい

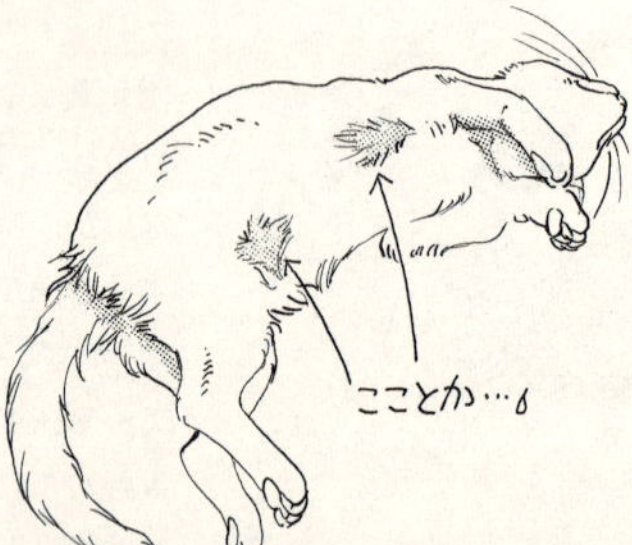

るであろうシロミは警戒しているはずです。

取材の方を客間に通し、座布団をお出しして、お茶をいれにキッチンに行く——何年間も何十回も繰り返した手慣れた作業なのに、父がいない——私の取材だなんて、不思議な感覚です。

撮影の準備中にシロミを連れてきて驚かせてもいけないし、雑談でもしてからゆっくり呼びに行くか……と、お茶を持って客間に入ったとたん「うわっ！」と、お盆を取り落としそうになりました。

シロミはすでにそこにいて、お客様の座布団を乗っ取り、ゴロンゴロンと転がってしなを作っていました。そして父の座椅子に座ると、撮影準備もそこそこのカメラマン氏に「さあ！キレイに撮ってちょうだい」と言わんばかりです。

かなり嫌いなはずの、抱っこポーズの2ショット写真を撮る間も、耳元でゴロゴロ言いっぱなしです。カメラマン氏が撮影を終え先に退出すると、シロミも「これでお役目は終わりかしら」と出て行きました。

その後もしばし記者さんとおしゃべりをしていると、シロミは再び客間に登場。「さぁ、そろそろ終了の時間じゃないの？」の合図です。舌を巻きました。

「こいつはメディア慣れしすぎている！」


シロミハゲる？

気が付けば最近のシロミ、脇の下や横腹、下腹などにピンク色の地肌が目立つようになりました。皮膚病？と、よく見ても皮膚に異常は無く、毛が途中でちぎれているようです。これはなめすぎです。別に"女優活動"のために、おしゃれに勤しんでいる訳ではなく、気持ちが不安定なのです。子供の爪噛みや、指しゃぶりと同じことです。原因は、この家の人間が私一人だけになってしまったためで、私一人の取り合いにより、猫同士の水面下のバトルが起きているのです。

絶対人数不足

最後の2、3年間は、ほとんど寝てばかりの父母でも、いてくれるだけで猫たちにとっては“家族”としてカウントされていたのだなぁと、改めて思い知らされます。ほぼマイペースを保っているのは、2年前に来た「ユッケ(♀)」位で、決して階下に姿を見せることの無かった野性的な「ササミ(♀)」も、私がいることを確かめに、キッチンを覗きに来ては「2階に来てよ!」と誘います。意外に威張っているのが、いじめられっ子の「ヒメ子(♀)」で、私が2階でバタリとベッドに寝転ぶや、脚の間を陣取って寝そべり、「さあ、この人は私のものよ! 誰にも渡さないからね!」と、優越感にひたります。それを見て、孤高に生きていたはずのササミはいじけ、シロミは過剰に体をなめ、ハゲを作るのです。

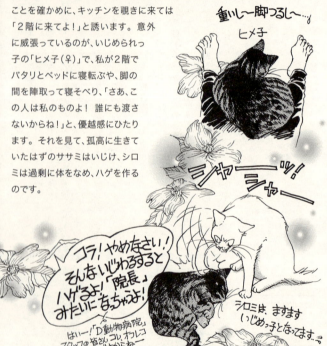

白黒ママ・アビ子・ヒト子は、Y家で
お世話になっているもよう…
Y家の屋根の上の
白黒ママ

神母《ゴッドマザー》の子供たちその後

ミコリンが死んだことは、前にも書いた通りです。昨年2月、私が入院する前に、手術後には手の動きなどにも支障が出ることが予想されたので、必死で避妊去勢のため、外猫を捕りまくりました。産んだら即4、5匹増しとなる雌猫を優先するので、とうとう赤2と黒1、2の雄3匹を捕り残してしまいました。予想通り、雄猫は“女”を求めて出奔してしまうのです。この冬、黒1は完全に姿を消しました。赤2は恐ろしいことに、大通りの向こう側で“女”を追いかけていました。2、3日に1度は、うちに食べに戻って来ますが、いつ事故にあわないとも限りません。この“減り方”は想定の範囲内ではありますが、雄ども、3匹の無事を祈るばかりです。

シャム男・
押し入れから
昔、ロシア
みやげにいただいた
銀ギツネの
えりまきを
引きずり出し
“惨殺”!!
お高かったんでしょうに…

その48——いいかげんな信念

ある日「ヒメ子♀」を触っていると、首の付け根のリンパが、ゴツゴツと瘤のようになっているのに気付きました。ヒメ子はＦｅＬＶ（猫伝染性白血病）のキャリアなので、元々首のリンパが大きいのは知っていましたが、これは異常です。まだ無症状でしたが、あわてて「Ｄ動物病院」に連れて行きました。

結果は、首のリンパ節の肉腫。７才にしてついにＦｅＬＶ由来の症状が出てしまったのです。

実はヒメ子の兄弟は、交通事故で「Ｄ動物病院」に担ぎ込まれたまま、病院の飼い猫になっていました。やはりＦｅＬＶのキャリアでしたが、数年前に胸の縦隔のリンパ肉腫を発症し、ずっと抗ガン剤治療を受けていました。昨年死にましたが、最後の頃は全身の毛が抜け、毛無し猫の〝スフィンクス〟みたいな姿で、寒そうにヒーターの前に寝そべっているのを見かけました。「ありえない……！」。抗ガン剤治療はやめてもらうべきかと考えました。

乳腺ガンや胃ガンなどの〝固形ガン〟は治療せずに放置しておいても、予測外の経過をたどることもままあり、通過障害などの

食欲が落ちて、かなり痩せました
ヒメ子
点滴のため
毛をそられて
脚もチキン…♪

困った症状が出た場合だけ手術、という選択肢もあります。実際昔うちにいた「タン♀」は胃の腺ガンで、開けてみたものの手の施しようが無く、余命1ヶ月と言われたのに、放置したまま2年半元気に生きました。

しかしリンパのガンは、そうはいかないのは分かっています。何もしなかったら、ヒメ子は1、2ヶ月後には、この世にいないでしょう。それはあまりにも切ないです。

結局抗ガン剤をやってみようということになりました。1クール目を終え、やや食欲が落ちたかなという程度で、さしたる副作用も見られず、リンパの瘤も消えました。そうなると今度は何とか〝寛解〟まで——と、なっています。

最近「ガン自体ではなく、抗ガン剤に殺される」という、医師の説が流行っています。私もおおむね賛成意見で、自分も「再発ガンが見つかっても、抗ガン剤だけは死んでもやらない！」なんて言っていますが、アヤシイもんだなぁ……と思います。いざ効果があると分かったら、ホイホイと〝宗旨替え〟しそうです。

2クール目を終え、とりあえず今ヒメ子は元気で、相変わらずベッタリと甘えたり、玄関先で初夏の空気を満喫したりしています。選択を考えるのは、その都度でいいや。と、いいかげんな私です。

チキンなヒメ子

抗ガン剤は、週1回×3（1週間休み）の、約1ヶ月が1クールとなります。点滴の留置針を血管に入れたままで、1回に4時間ほどかかります。ヒメ子はノラ上がりのビビリなので、軽く鎮静剤をかけなければ、点滴の針など入れて4時間もジッとしていてはくれません。先日は途中で暴れたりして多めに入れられたのか、帰ってからもちょっとポヤンとしていました（“助っ人”ガンちゃんは「院長、盛りやがったな！」と言っていましたが）。それによる心身への負担も心配です。やはり、どこかで“決断”しなければならないのでしょう。

帰ってきた猫・帰らない猫

ある日突然、あたり前のように「赤2♂」が玄関先にいたので驚きました。およそ3ヶ月ぶりです。赤2は去勢し損なったまま“盛り”の時期に女を求めて姿を消していました。よく見ると耳に“去勢済み”の切れ込みが！　おそらくどこかで猫不妊ボランティア団体に捕獲され、玉無しくんとなり、毒気が抜けて古巣に戻ってきたという訳でしょう。この区で猫不妊をしている団体は、捕獲技術は確かに優秀です。しかし、生後3ヶ月位の仔猫まで身体的負担も考えずに不妊してしまうなどと乱暴だし、区の猫不妊助成金目当ての特定の獣医師との癒着が噂されるなど、積極的には関わりたくないのですが、これには「手間がはぶけた、ありがたい！」と、ペロリと舌を出して小躍りしました。

“旅猫”シャム男？

シャム男

一方、5月頭のことです。ある日突然「シャム男♂」が姿を消しました。「ユッケ♀」の弟分として、幼い頃から一緒に遊んで、取っ組み合って育ったシャム男です。とうに去勢は済ませているので、女を求めて出奔などはありえません。行動範囲も“女子並み”に狭く、半径数十メートルと言ってもいいほどです。その範囲内には屋上猫（建物に迷い込み、降りることを知らず屋上まで行き戻れなくなる猫）になるほどの高い建物もありません。シャム男は、よく近くの大きな駐車場で遊んでいましたが、くまなく調べても事故の痕跡は無いし、近所から猫の事故の話も入りません。ただ1つ、もしかして「やっちまったか!?」と疑われるのが、シャム男が駐車場で遊んでいる時に、好奇心から開いていたトラックやワゴンの荷台に乗り込み、そのままどこか遠くに運ばれて行ってしまった――という可能性です。シャム男ほどの器量と愛敬があれば、どこの土地でも生き延びていけると思いますが、「帰ってこいよー！」と祈っています。ユッケだって（いればうっとうしいけど）毎日何か物足りなげです。何ヶ月・何年かけてもここが故郷だと目指して、いつの日かひょっこりと、玄関先に現れるのを信じて待っています。

シャム男とそっくり
ジィニィ・♂
ホントに、アカの“他猫”なんです！
10年ほど前から、この辺りで外猫生活やってます。
最初から去勢済みなので、
シャム男と血縁はありません。
Lさん宅の電気ストーブで、コゲました…
ココに縞が入ってる
位の違い
やっぱり、どこか遠いご先祖で血がつながっているんでしょうね…
耳の黒のグラデーションなんかまったく同じ！

その㊾——ガンは猫なり

そのまま「ガンは人なり」と、言い換えることができるかもしれません。

これまでに3匹の飼い猫をガンで亡くしていますが、ガンだけはちょっと他の病気とは異質だな——という印象を受けます。つまりどうも、その〝猫なり〟のキャラクターに添った経過をたどるような気がするのです。

大きな目が特長だった、どこか影の薄い美猫の「テバ♀」は、FeLV由来の再生不良性貧血で、輸血までしたものの、発症からわずか1ヶ月ほどの命でした。多動性の〝ヘン猫〟「レバ男♂」は、脳の延髄の腫瘍で、手の施しようも無いまま運動不随に陥り、3週間足らずで急死しました。前にも書いた、図太い「タン♀」は、胃の腺ガンで余命1ヶ月宣告を受けたにもかかわらず、放置したまま2年半も、勝手気ままに生きました。

ガン細胞というのは本来自分のモノ。〝身の内〟なのです。性格も含めた本人（猫）の資質に、大きく関係しているように思えます。

さて今回、リンパ肉腫を発症した「ヒメ子♀」ですが、抗ガン剤治療を始めて3ヶ月。今のところ効果は出ているようです。大

変臆病な性格ですが、野性の強さ——例えば、雨に打たれてもジッと身を潜めて耐えるとか、欲しいモノは他猫に遠慮なく手に入れるなど——をもっています。ヒメ子はビビリだけれど、決して弱い猫ではないのです。しかしその野性ゆえ、病院という環境では縮み上がって治療もままならず、毎回鎮静剤を使わねばなりません。週に1度の病院通いそのものがヒメ子の心身に大きなダメージを与えているのです。かといって現段階では、完全に抗ガン剤治療を打ち切ってしまうのも良策とは思えません。

そこで、思い切って1週間に1度の治療を「2週間空けてみよう」と、提案してみました。ヒメ子の性格では、治療のショックから抜けて、食欲も出て体力が回復してくるギリギリの線が、2週間だと判断したからです。

D動物病院長も「お言いつけ通り、2週間に1度にしてみます。どうなるかは分かんないけどね」と、相変わらずの憎たらしい表現ながらも応じてくれました。

犬・猫ばかりではなく、家族やご自身がガン持ちの方も多いと思います。〝エビデンス〟通りの医者。逆に治療は無意味だという医者。どちらも鵜呑みに信じる必要はありません。ガンは〝自分自身〟。誰のせいでもなく、最後は自分の感覚を信じるのみです。

ヒゲが…

ふと見ると、ヒメ子のヒゲがナマズのように、左右1本ずつしか残っていません。夏毛への生え替わりの時期とはいえ、やはり抗ガン剤の副作用でしょう。体毛がゴソッと抜けていくのには気づいていました。しかし、ヒゲまでも……！　言うまでもなく猫にとってヒゲは大事なセンサーです。無くなれば狭い所を通り抜けるのにも不自由します。「ダメじゃん！　ヒゲまで抜けてるでしょ！」と、D動物病院長に訴えると「ああ、毛は抜けるよ」と、そっけない返事。こうなったら、残る2本のヒゲを大切にするしかありません。

こんなはずじゃ…

最近「アビ子・モンド・タヌタヌ」たち女子組と、“白黒ママ一家”は、うちと背中合わせのＹ家でお世話になっているもようです。駐車場の向こうのＩ家でも、ご飯をもらっているようです。お陰さまで、我家の負担はかなり減りました。たった1匹の“神母”に託された子供たち９匹。２年余りが過ぎ、１匹が死に、２匹が行方不明。散り具合もほぼ予想通りです。我家もパッと見、以前ほどの“猫屋敷”感は無くなりました。しかし、頑として玄関先から離れようとしないのが、「赤１・赤２・赤いヤツ」の赤トラのオス３匹です。しかもこの３匹、やたら仲が良いのが不気味です。「何で、色柄も多彩な女の子たちが居つかないんだ!?」「何で、暑苦しい赤い野郎どもばかりが残ってるんだ!?」と、嘆いている猛暑の夏です。

"神"の子孫たち

白黒ママの子「ヒト男」も、
よく家に入ってきては、くつろいで
いきます。

もう20年ほど初夏と晩秋の年2回、庭の手入れをしてくれる植木屋さん(結構なおじいちゃん)と話をしました。これまで植木屋さんは、庭にフンをされるなど職業柄、猫が好きではなかったそうです。しかし2年ほど前、近所で3匹の子猫を連れて歩いていた母猫が事故にあい、母猫と2匹の子猫が死に、生き残った1匹を近所の人が保護して動物病院に運び込み、それを息子さん(彼も植木職人)がもらい受けたのだそうです。事故で鼻が少々曲がってしまったものの、その瞳が「そりゃもうピカーッと大きくて、キレイで、賢くて、猫ってのは人間の言ってることをちゃーんと聞いて、分かってるんですねー」と、メロメロの猫じじバカな話を聞かされました。

父の"愛人"と言われた
「フランシス子」に、そっくり柄の
「タヌタヌ」ですが、胸とお腹に、
ちょびっとだけ白い毛が生えてます。
「だからキミは、
サビ猫じゃない!」
「サビのふりをしたミケだ〜!!」
―と、転がして遊んでます:

そりゃそうですとも! 複数の子猫を連れ歩けるまでに育て上げた母猫は、それだけでとてつもなく優秀な猫なのです。何度妊娠して何十匹と産んでも、生涯1匹も離乳するまで育てられない母猫も少なくありません。無事に成猫となっているだけで、それは強さと賢さと強運を持った母の遺伝子を受け継いでいると言えるでしょう。都市のノラ猫はすべて"神母"の子孫たちなのです。

その㊿——始まりの猫

我家にシロミがやって来てから、8年がたちました。

この8年間は、私にとって正に激動の8年でした。失ったものは数知れません。大は両親・自分の片乳から、小は8月に10年モノの金魚（20センチ級）2匹まで、〝中間〟の喪失も数限りなく、この号が出る頃（連載当時）には「ヒメ子♀」も、この世にいない確率が高いでしょう。

しかし私はこの8年間で、自身の〝欠落〟のほとんどをシロミに教えられ、学んだと言っても過言ではありません。シロミに出会っていなかったら、私は生きることの何たるかも理解できぬまま、両親の介護どころか〝金属バット〟で親の頭をカチ割ることすら危ぶまれる、未熟で粗暴な人間のままだったかも知れません。

低酸素脳症で、障害を持つ赤ちゃんが生まれた知人がいます。「分かるよ！　でも障害を持った子って、なんかカワイイんだよね」と、言いそうになってやめました。「猫と人間の子を一緒にしないで！」と言われるのがオチだからです。でも、例えば交通事故で、子供を亡くした人のニュースを見た時、大切な猫をひき逃げされた経験を持つ私は、「分かるよー、くやしいよね！」と、心から親の気持ちを理解できます。人間の子供を失うのに比べれ

ヒメ子♀・7歳

「この号が出る頃には」どころか、これを書いている最中にも、ヒメ子は死んでしまうかも知れません。リンパ肉腫は、今のところ抗ガン剤で抑えられていますが、元々のFeLV由来の再生不良性貧血を発症してしまったのです。貧血のせいで食欲を失い、骨と皮ばかり。脱水もひどいのですが、一時しのぎの輪液をすれば、ますます血が薄まるばかりです。ヒメ子の造血幹細胞は減少し、自分の体内で血液を作れなくなってしまっているのです。一切の治療を打ち切ることに決めました。D動物病院に「もう連れて行かないよ」と告げました。院長もそれを承知してくれました。

ば、猫は１００分の1かも知れません。でも１００倍すれば「1」になります。しかし、人間であれ犬・猫であれ、この喪失経験ゼロの人は、１００倍しようが、１０００倍しようが、やっぱりゼロなのです。こんな風に、私はシロミからあらゆることを学びました。

　シロミの症状は、今のところ安定しています。時々血尿を出したりしても、私も「D動物病院」も手慣れたものです。相変わらずモラしてますが、モレのパターンや場所も、８年間付き合っていると、ほぼ予測できます。シロミは今日も元気で、外へ出かけ他猫をイジメ、人間にもイバり倒しています。いつの間にか、まったく〝介護日誌〟になっていないことに気付きました。なので、この50回を機に、一旦「シロミ介護日誌」を終了させていただきます。

　とりあえず、今の時点での『猫』は書き尽くしたかな——という感があります。

　現在我家の周辺は〝猫急減期〟です。でもまた、どこからともなく〝神母〟が現れて、爆発的に増えないとも限りません。

　潮が満ち、引いていく——私はその繰り返しを見守るだけです。

　実は私は誰よりも、猫に対して冷徹な観察者なのかも知れません。

※この原稿を書き終えた徹夜明けの朝、ヒメ子は旅立っていきました。

10年モノの金魚

我家の“玄関名物”とも言える、巨大金魚でした。お客さんや宅配便の人にまで「大きいですねー！」と、あきれられていました。大食い・悪食で、水草を数束買ってきても、サラダ代わりに1週間ほどで食べ尽くすし、水槽のコケ掃除のために入れた、数個の「石巻貝」まで食べてしまう始末でした。先日、コケを落とそうと金魚を入れたままで、水槽の内側をガシガシとナイロンたわしでこすり、濁りはろ過器できれいになるだろうと、放っておきました。確かに水は1、2時間できれいになりましたが、その晩、「チョウテンくん」が死亡しました。おそらくエラにコケが詰まってしまったのでしょう。競う相手を失い、気が抜けたのか相方の「シロキンくん」もボヤッと水槽の底に沈み、エサも食べようとしません。「明日、ピチピチのカワイコちゃんを買ってきてあげるから」と、なぐさめたのですが、翌朝「シロキンくん」も、死んで浮かんでいました。これだけ生き物と付き合ってきたのに、まだこんな初歩的なミスをやらかすのか……と、つくづく落ち込んだ夏でした。

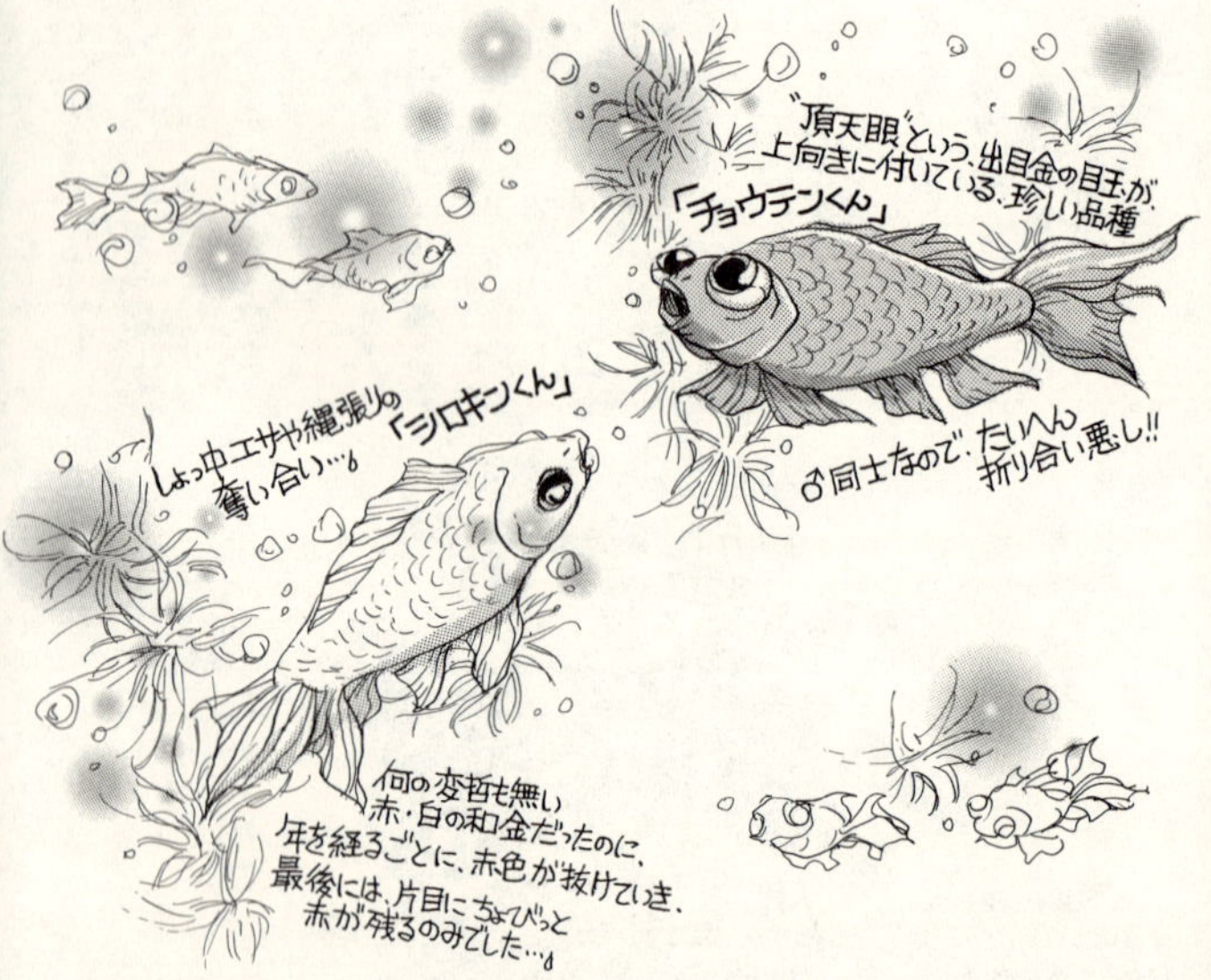

「猫屋台」って何だ？

さて何でしょう？　実は私にもよく分かっていません。父が死に、その7ヶ月後に母も自宅であっけなく（ホントに1時間前まで、いつも通りしゃべっていたのに）亡くなり、気を取り直して、遺品でも整理するか……と、やってみたら、「これもいらない。これも私が選んだものではない……ありゃありゃ！」。この家で、本当に自分が必要な物は、スーツケース1個分と20年以上乗り続けている“ボロチャリ”1台で事足りる……と、気付いてしまったのです。いっそこの家をすべてブッ潰して更地にし、父のファンの前で「フッハッハ！」と高笑いして、移住してやろうか（あ……原稿や資料は「近代文学館」に寄贈する位の分別はありますけどね）、とまで考えましたが、何せ猫がいます。家猫は連れて行けるにしても“神母”に託された外猫がいます。

『何ひとつ いらないけれど、この地にいる必要はある』

そんなハルノの“やぶれかぶれプロジェクト”が「猫屋台」です。使い道は、皆様に考えていただくことも可能です。なので……とりあえず、乞うご期待！

吉本家アルバム その1

美猫のシロミ。後ろに見えるのはみんなが遊びに出るお墓！

父の愛人、フランシス子。まるまるデブ！

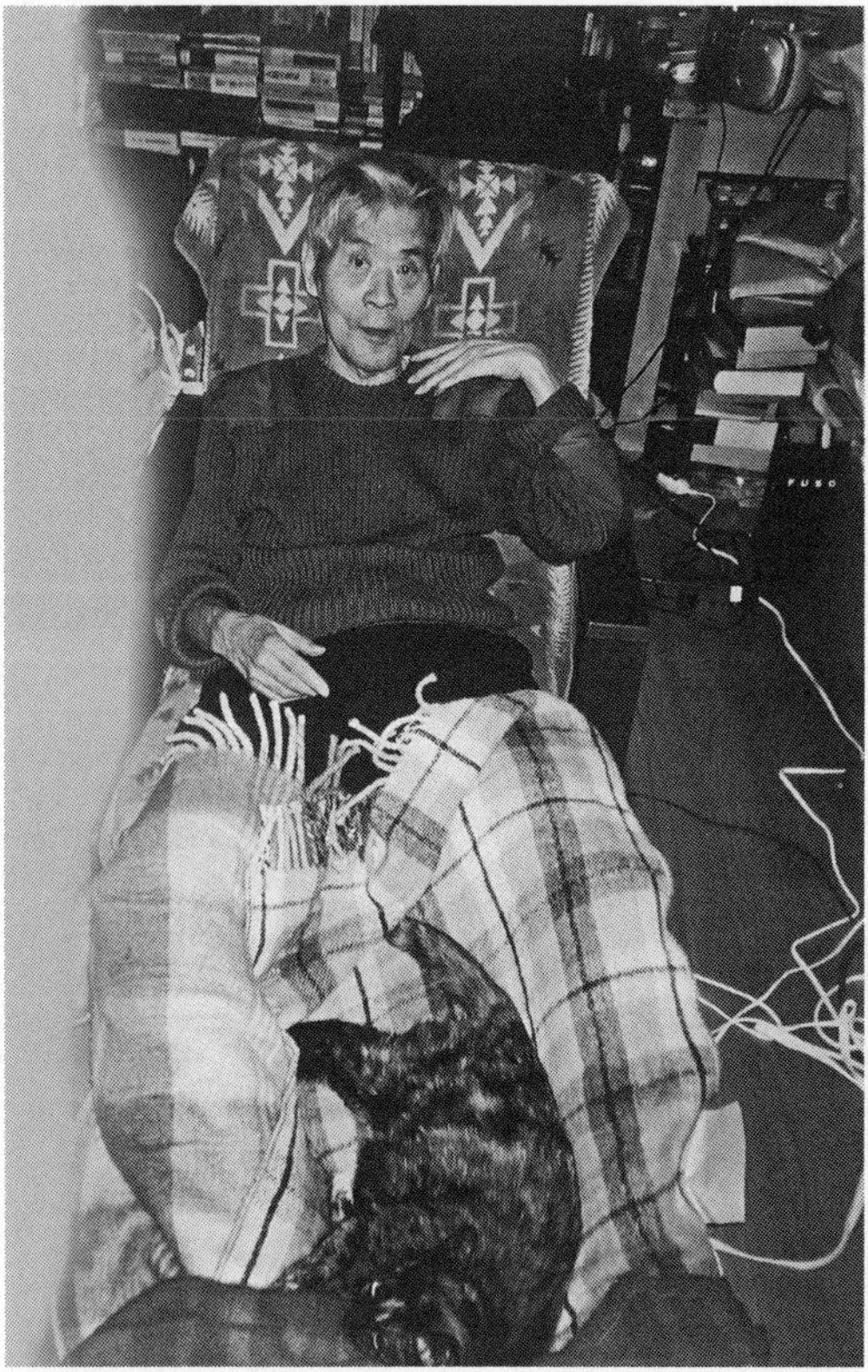

父・吉本隆明とフランシス子のくつろぎタイム。

吉本家アルバム その2

クロコとシロミのツーショット。

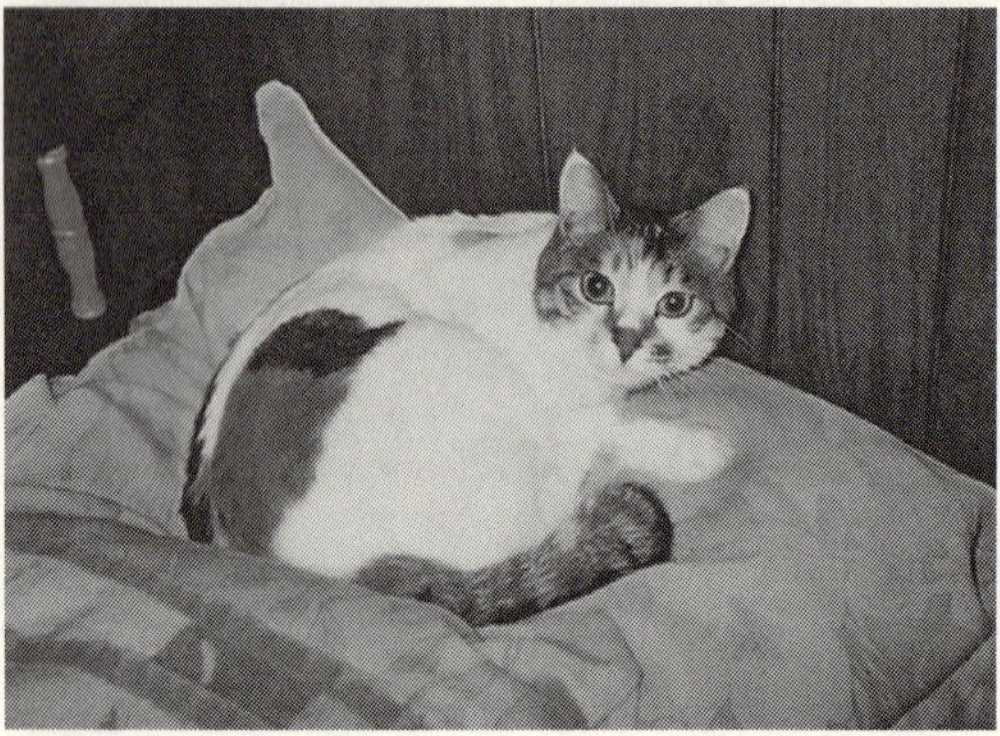

ササミ。家ではどーも、オバンくさい。

ヒメ子。左手がつけないので、これがいつもの座り方。

サンキチに原稿用紙を占領されると、どかすことなく父が筆を置いていた。

あとがき

〝神母〟に託された兄妹猫たちは、いい具合に近所の猫好きのお宅のお世話になり、現在の我家の定住猫は、3、4匹となりました。それでもエサの時間に合わせて、食べるだけに立ち寄る〝流し〟の猫などがうろちょろしているので、保健所の〝ガサ入れ〟に遭うこともあります。先日二度目にお目にかかった保健所の〝ペーパードライバー獣医師〟くんに、「かわいそうだからエサやっている訳でしょ？」と言われ、「う〜ん……それとはちょっと違うんだけどな」と答えた後、ああ……そう言われれば、うちの〝立ち位置〟って何なんだろう——と、ずっと考えていました。

　生前父が、「昔、猫さんたちはもっとのんびりしていたのに、最近の猫さんはみんなビクビクして逃げちゃうんだなぁ……」と、寂しそうに言っていたのを思い出します。人の隣に寄り添って暮らす猫たちは、現代の人間同士の寛容の無さや息苦しさを映す〝鏡〟なのです。のんびりした猫さんたちが多い街は、きっと人も住みやすいはずです。

　そして我家は猫たちにとって、たとえるなら中世の民衆に開かれていた〝寺〟・アジア的なお寺の役割なのかな、と思い至りました。飢えている者がいれば施す。来る者は拒まず、去る者は追

わない。特に説教もしない。軒下に病む者がいれば最低限の薬を。死にかけた者にはなるべく安らげる場所を。中には勝手に軒下に居着く者もいれば、縁あって寺に入る者もいる――これからも猫さんたちにとって、そんな場所でありたいと思います。

『猫びより』の連載原稿は、イラスト・書き文字・入力文字がゴッチャになった、たいへんやっかいなモノでした。そのまま原稿を連載順にベタで印刷しても、本としては成立し得ないシロモノです。それをすべて解体し、組み立て直すという、とんでもない作業をあれよあれよという間にやってくださったデザイナーの山口至剛氏の腕前には、感謝より前にまず〝驚異〟です！

そして両親の介護が本格化していく中、この連載はかろうじて私を描く（書く）ことに繋ぎ留める、かすかな細い〝クモの糸〟でもありました。8年前に快く連載を受け入れてくれた稲田雅子さん。毎号ギリギリでご迷惑をかけた『猫びより』の山口京美さんや編集部の方々、この本の編集にご尽力頂いた大野里枝子さんに、心より感謝申し上げます。

最後に、乱暴で偏屈だけど動物のためだけに身を削り、惜しみなく知識を分けてくれる「D動物病院長」に、この本を捧げたい――ところだけど、当のご本人には絶対に見せられないのが、本当に残念～!!　です。

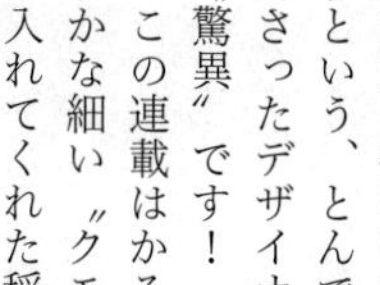

解説

町田康

猫をたくさん飼っていると、「よほど猫が好きなんですか」と言われる。まあ、嫌いではないので、「そうですね」と答える。それで、「わかりました。さようなら」と言って帰ってくれればよいのだけれども、多くの場合、そうはいかず、「なぜですか」と聞かれる。

というのは本書『それでも猫は出かけていく』を読むとわかるが趣味のコレクションと違い犬や猫は生き物だから怪我や病気をするし、そうでなくても次第に老いてやがては死んでいく。その面倒を最後までみるのは経済的にも精神的にも大変だし、ましてや多頭飼いとなると肉体的にも大変な負担、にもかかわらず飼うのはなぜか、と思うからであろう。

そこで正直に、「いろんな偶然が重なってこうなった。一言で言えるような明確な理由はおまへんニャア」と答えるのだけれども相手はそれでは納得してくれず、「そこまでして飼うほどの理由はどこにあるのですか。いえ、ここはひとつはっきりさせましょう。ズバリ聞きます。猫を飼うメリットはなんですか。猫を飼うとどかないいことがあるのですか。答えてください。さあさあさあさあ」とグイグイ来る。

私はついに耐えられなくなり、立ち上がって背を丸め、「フアアアアアアアアアッ」と叫ぶ。そのとき私の髪の毛は逆立ち、尻尾はブンブンに太くなっているはず。それで、そこまでやって相手は漸《ようや》く帰ってくれる。

しかしそんなことは所詮は人間のパンクロッカーの真似事に過ぎず、本物の猫には到底かなわない。


この本は、隣が広いお墓であるという作者の家に住む、また、家の近くに住む猫の生態、健康状態などについて、こんなに猫のことを具体的に記した本がかつてあっただろうか、と思うくらい詳細に記した本で、猫は見た目も手触りもフワフワしているので、大抵の猫についての本は専らそのフワフワの部分にフワフワ言及しているのだけれども、この本にはそうしたフワフワがほとんどない。それどころか病気や怪我については身も蓋もない現実というか現状がそのままフワフワさせずに述べられている。

人間は、どんな極悪人でも死にかけている小さな動物をみたら可哀想だと思うし、助けたいと思う。ただしそこから実際に助けるまでには大きな溝というか距離があって、なかなかそこまでにはいたらない。もちろんそれは責められることではなく、可哀想、気の毒だ、と思うと同時に、自分を優先してメンドクセーと思うのもまた人間であるからである。ところがなぜか助けないことに後ろめたさを感じる。フワフワした思いはその後ろめたさを誤魔化すのにちょうどよく、だから世の中にはたくさんのいろんなフワフワが用意してある。まあはっきり言って文学なんてのもそのフワフワのひとつといえばひとつである。

そのうえで描かれる猫の姿はでもやはりフワフワ好きの人間にとって、おもしろくて吹きだしてしまったり、じりじりして走り出したくなったり、しみじみと自分の心の底に蹲《うずくま》りたくなるような心の動きを誘って感動的である。

となるとさっき文句を言っていた私も、なぜだろう、と思ってしまう。勝手なフワフワな観念を取り払ってなお、猫はその姿や行動によってなぜかくも人をひきつけるのだろうか、と思ってしまうのである。それでなんとなく思うのは、猫はそのように、なぜだろう、と考えて後悔しないからかな、ということだ。例えば私がライオンに襲われて五体がズタズタに裂けたとする。そうしたときまず考えるのは、「なんとかして助かる方法はないものか」ということだろうが、ほぼ同時に、「なんでこんなことになってしまったのか」と考えるだろうし、いよいよ助からぬと悟った後はそればかり考えるだろう。しかるに猫はそうしたことを考えないということが本書を読むとよくわかる。なぜこうなったか、と過去のことを振り返って考えるのではなく、いま自分がどうしたいか、ということしか考えない。だから自動車に轢《ひ》かれて死にかけていても、いつものところに行きたい、と思ったら行く。行くことに集中して余のことを考えない。けれども人間にはどうしてもそれができないので、猫のその決然とした振る舞いをみると感動してしまう。

また、理由を問わない、考えないということは同時に不平を持たない、ということでもあり、これもまた自他の境涯をかなしみ哀れむことが本来的に好きな人間にはどうしてもできないことで感動するし感嘆するし羨望もする。

となればそれに触れたい近づきたいと思うのは当たり前なのだけれども、いざ近づこうとするとその姿の美しさや右に言ったフワフワに阻まれてなかなか近づけない。けれどもこの本の作者はグイッとそこに近づいている。

となるとまたどうしても、なぜだろう、と思ってしまうのだけれどもそれはわからない。だからわからないままにして、ふぁあああっ、と叫んで背を丸め、その場で一尺ほど飛び上がってお終《しま》いにすればよいのだが、それがなかなかできず推測とかをしてしまうのが人間の悲しさで、それは半分は作者に生来備わったもので、もう半分は長いことを猫と暮らすうちに影響を受け、ご本人もまた半ば猫のような性質になったからではないか、なんて推測で、そういう人の文に接すると、なんというか実にいいなあ、と自分なんかは思ってしまう。

とはいうものの作者も人間であるから、なぜだ、とか、これはどういうことだろうか、と考えることを完全に停止することはできない。もちろんそれは健全なことで、それが考えられなくなったら人間の社会で平穏に生きていくことができない。なぜならば、死ぬってどういうことだろう、と考えることが生きることであり、それが前提というか、基となって私たちの社会が成り立っているからだ。

だから答えはいつまで経っても出ず、私たちは中途の考えを言ったり聞いたりするだけだけれども、ここでこの本の作者が、猫を、ご両親を、年来の友人を見送ったとき、大きな声ではなく、小さな声で呟くように洩らす言葉はとても説得力があって私は随分と救われた。

というのはそして殆《ほとん》ど私たちの謎の正しい答えではないかと思ってしまうくらいで、「ああ。面倒くせぇな。いつまでもクニャクニャしていないで早くメシ食ってくんねぇかな」と思うとき、私は思いっきり猫によって救われており、実は猫が居ることで居てくれることでなんとかようやっとギリギリ生きているのだ、ということを知った。「それでも猫は出かけていく」。でも「それでも俺らはかまってしまう」ですよ。ごめんな。ってことも知った。この本を読んでよかった。

——作家

ハルノ宵子

Haruno Yoiko

1957年、東京生まれ。漫画家（開店休業中）。父は思想家・詩人の吉本隆明、妹は小説家の吉本ばなな。漫画では『アスリエル物語』（スタジオ・シップ）、『プロジェクト魔王』（角川書店）、『はじまりの樹』（ヒット出版社）、『虹の王国』（JICC出版局）、『ノアの虹たち』（みき書房）。イラストでは『フレバリーガールはお茶の時間に旅をする』（くもん出版 橋本一子著）、『なぜ、猫とつきあうのか』（講談社学術文庫 吉本隆明著）。著書に『開店休業』（幻冬舎文庫 吉本隆明・共著）がある。

アートディレクション　山口至剛

デザイン　金岡直樹・多菊佑介（山口至剛デザイン室）

企画・編集　稲田雅子

編集　石原正康・大野里枝子（幻冬舎）

協力　猫びより編集部

この作品は二〇一四年五月小社より刊行されたものです。

それでも猫《ねこ》は出《で》かけていく

ハルノ宵子《よいこ》

平成30年2月10日　初版発行
令和5年7月30日　2版発行

発行人——石原正康
編集人——高部真人
発行所——株式会社幻冬舎
〒151-0051東京都渋谷区千駄ヶ谷4-9-7
電話　03(5411)6222(営業)
　　　03(5411)6211(編集)
公式HP　https://www.gentosha.co.jp/
印刷・製本—中央精版印刷株式会社
装丁者——高橋雅之

幻冬舎文庫

ISBN978-4-344-42703-7　C0195　は-32-1